陈
国
胜

编著

U0348138

中国农业科学技术出版社

图书在版编目（CIP）数据

人与自然和谐共生/陈国胜编著.—北京：中国农业科
学技术出版社，2019.12
　ISBN 978-7-5116-3614-0

Ⅰ.①人… Ⅱ.①陈… Ⅲ.①环境保护—普及读物
Ⅳ.①X-49

中国版本图书馆CIP数据核字（2018）第082302号

责任编辑　穆玉红
责任校对　李向荣

出　版　者　中国农业科学技术出版社
　　　　　　北京市中关村南大街12号　邮编：100081
电　　　话　（010）82109707 82106626（编辑室）（010）82109702（发行部）
　　　　　　（010）82109709（读者服务部）
传　　　真　（010）82109709
网　　　址　http://www.castp.cn
发　　　行　各地新华书店
印　刷　者　北京建宏印刷有限公司
开　　　本　710 mm×1 000 mm　1/16
印　　　张　19.5
字　　　数　330千字
版　　　次　2019年12月第1版　2020年7月第2次印刷
定　　　价　65.00元

心中若有桃花源，何处不是水云间？

目 录

下篇　身心

人生的幸福之道，在于用更自然的方式享受人生 …… 165

上篇　天人

与天地对话
为自然梳妆

■ 春天，不是季节，而是内心；生命，不是躯体，而是心性。
人生，不是岁月，而是永恒；云水，不是景色，而是襟怀。
日出，不是早晨，而是朝气；风雨，不是天象，而是锤炼。
沧桑，不是自然，而是经历；幸福，不是状态，而是感受。

『天人合一』思想

"天人合一"思想涉及两个基本对象，一个是"天"，一个是"人"，对其哲学价值的挖掘体现着中国古代对世界的基本看法，简单来说，就是人与自然之间的关系。

　　中国的传统农业发展曾经长期处于世界领先地位。在农业发展和进步的过程中，基于以农为本的经济结构，中国古代思想家逐渐铸就了"天人合一"思想。这种思想强调天、地、人的和谐共生，注重人与自然、人与社会、人与人以及个体身心的整体和谐，它是中国长期农业文明社会形态下的自然产物。

　　道家自然哲学，关注的中心问题，离不开"自然"与"人为"的关系。道家提出"大地与我并生，而万物与我为一"（《庄子·齐物论》），讲究"天与人不相胜也，是之谓真人"（《庄子·大宗师》），追求天人相应，天人协同，天人合一的至高境界。道家的和谐理念，化作人格模式，能够遵循自然之法，通晓天地之德，兼顾自然价值与人的价值，弘扬生态伦理的智慧，达成万有同一的理想。

　　"天人合一"是中国古代哲学一个重要的命题，其蕴含的仁爱待物、自然无为、慈悲情怀等思想在客观上涉及了正确利用自然资源、保护生态平衡等问题，对当代生态文明建设有一定的启示。

■ 自然界中不谈胜败，只有更替。落花会当再开。开在晴光里，和风煦暖、蜂蝶翻飞固然好。开在风雨里，飘摇无绪、瓣落蕊寒也是无常之常。即使没有风雨，新陈代谢一日不停，转眼花满天，转眼絮满地。冬天让位于春天，夏天让位于秋天，与谁更强大无关，只是自然的更替。在这样的更替中，没有赢家，也没有输家，只有要走过的舞台。

对『天人合一』的争论

中国古代在认识人与自然界的关系上，内容相当丰富，特别在"天人合一"问题上有多种观点，意见不一。孔子说"获罪于天无所祷"（《论语·八佾》），这是把"天"当"天神"；"天生德于予"，这是将道德中的"仁"与天命结合起来，"天"是义理的"天"；"天何言哉？四时行焉，百物生焉"（《论语·阳货》），这是把"天"看成产生各种自然现象的天。

在对"人"的理解上，"天人合一"讨论者常常赋予"人"不同的含义，一种是"圣人"（《中庸》），一种是"人君"（《春秋繁露·深察名号》），有的还将"人"抽象为"人道""人性"（《中庸》）。

在"合一"上，道家认为人要效法"天"，最高境界就是"天地与我并生，万物与我为一"（《庄子·各物论》）；孟子的"合一"是指天命、人性、道德、教化一脉相通，"尽其心者知其性也，知其性则知天矣"（《孟子·尽心上》）；董仲舒的"合一"是"天人感应"，"天"对人的主宰；张载的"合一"是人性与天道的合

一，"性者万物之一源，非有我之得私也"（《正蒙·诚明》）；程氏兄弟则认为"天人本无二，不必言合"（《二程遗书》卷六）；重农派认为是"人与天调，然后天地之美生"（《管子·五行》）。

"天人合一"议题概念虽多，但似乎可以归纳为三类：①天对人主宰，即人服从于"天"；②自然界的规律与人具有的规律是统一的；③协调人与自然界关系。

■ 时间之味——我见青山多妩媚，一粒沙里看出世界，一朵野花见轮回，都说时光残忍，哪里是时光残忍，残忍的分明是人心，时光只是让你懂得了真的，明白了假的，这就是成长。有限时光无限情，记住好的便是永恒。

《易经》中的「天人合一」

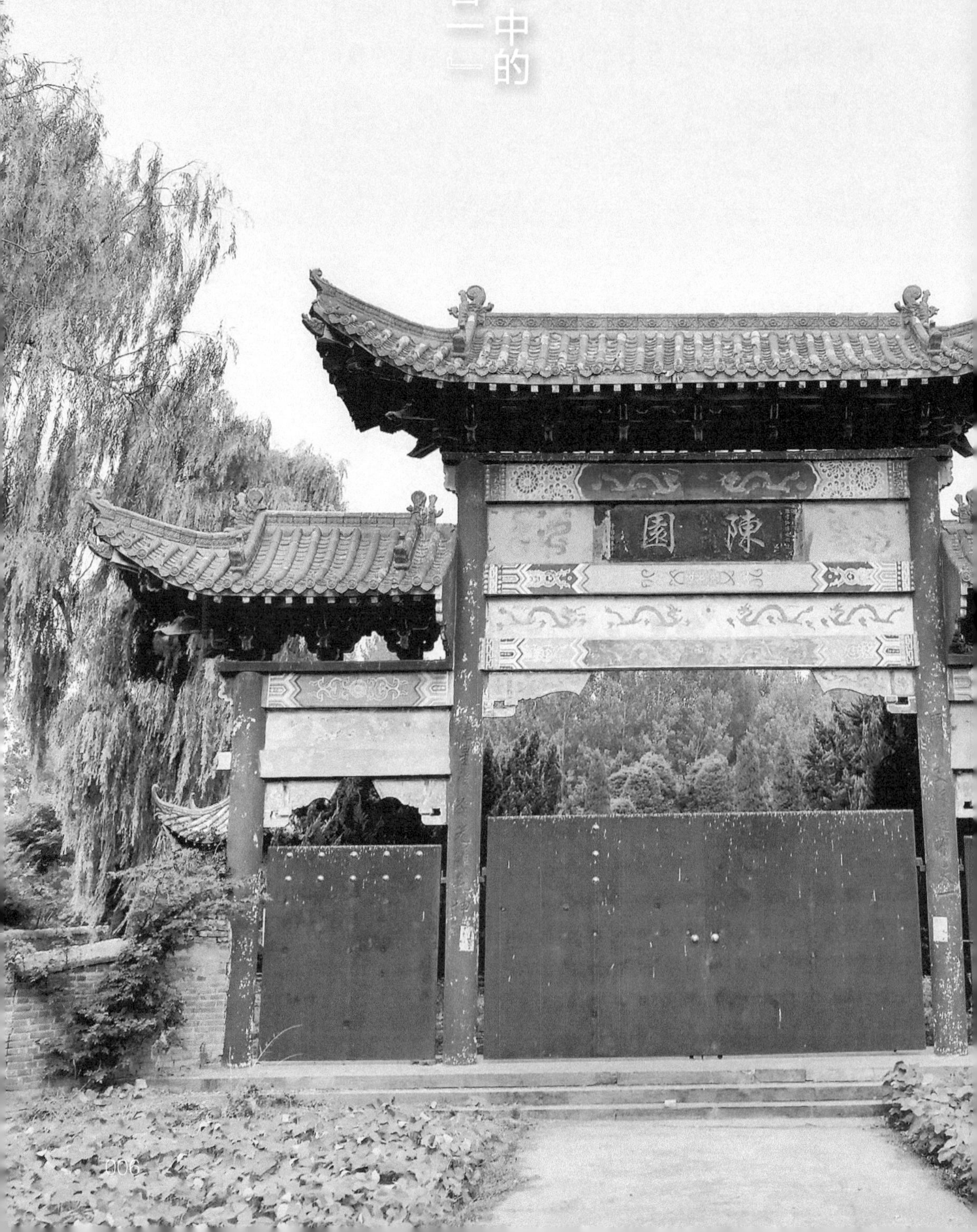

　　《易经》把自然视为一个有序的整体。所以老子有云："天道无为"。天道施恩惠于万生万物，而无选择的性质；天道施恩于众生，而不图回报；天道所作所为是不以人的意志为转移的；天道博大，气象万千，但却是有规律可循的。所以，自然是一个自组织、自调节的系统。

　　人活在天地间，就要受到自然规律的支配，如果一味地与自然抗争，违反自然的规律，那么最终会受到自然的惩罚。中国传统文化中有："与天地合其德，与日月合其明，与四时合其序。"就是说真正的圣贤，其德行是与天地一样的，其明德与阴德是与日月一样的，其为人行事是顺应时序的。

　　《易经》认为自然界的一切事物都是由阴阳二气构成，阴阳互相融合、互相消长、互相转化，和谐共处。合于自然就要把握事物的阴阳二气，倡导阴阳平衡，反对阴阳失调。这种平衡就体现在矛盾中求和谐，就要求同存异，在不同的力量之间达到某种和谐共处的局面。而和谐正是我们所追求的天地人共处的理想状态，即达到了天人合一。

　　■ 动和静是矛盾的对立，两者的统一才是人生。动极思静和静极思动都是由人性所决定。静有两个定义：物理（声学）的静；心理（精神）的静。我更追求后一种静。

天人关系

人生是条抛物线，你不可能总在顶端。我不在乎它是高是低，更在乎如何和自己相处。世界不是摆在那里你就看得见的，世界是被你探索出来的。每天都在尝试做改变，尽管只是生活中一些细微之处，如做一顿和昨天不同的早餐，试用一种新食材，行走时变化一条新路线等，听起来稀松平常的事，却充满乐趣，一种新奇探索的乐趣。

天人关系，即人与自然的关系，抑或人与万物的关系，是道家自然观"道、天、地、人"的四大命题，人居"四大"之中，与万物一齐，没有主宰，没有特权，是整个自然生态系统的一分子。道家自然主义哲学，追求浑然一体、和谐共生的天人关系。从自然界本身来讲，自然能够秉持大道，生万物而不自见，养万物而不自足，容万物而不自恃。从人的存在形式来看，人需要探求真理，取法自然，由自然而生，法自然而行。从人与自然的关系来看，人与自然万物应相互理解，相互尊重，保证各自的生存需要，维护别样的生存方式。

和谐的天人关系，绝非人的自我中心，也不是自然的绝对中心，而是一种整体协调的关系。我们要有效处理天人关系，就应当尊重万有价值，兼顾自然的存在价值与人的主体价值。自然的存在价值，是一种客观实在，是客观规律的具体形式，也是人赖以生存的物质条件，而人的主体价值，突出了人的主观能动性，人的实现是社会进步的最终方向。一方面，我们应当引导人们，在关心自然中获取灵性，在尊重自然中规范行为，在善待自然中实现自我，为自由而全面发展创造条件；另一方面，天人关系是不断深化的关系。自然与人，人与自然，互利共生，相互影响，在相互塑造中深化意蕴，在相互渗透中提升美感。我们在人格塑造实践中，应当充分认识自然化人的和谐大美，体会其客体主体化的价值意义，感悟其具有人性色彩的生活美学，增强认同感、责任感、归属感，同时应当重新认识人化自然的实践，完善人的本质力量，为重塑绿色的生态系统做出努力。此外，天人关系是持续发展中的关系。天人关系，在各种新的客观物质条件中，表现为不同的形式，但其基本形式，都表现为人受制于自然条件，到人力战胜自然力，再到人与自然和谐相处，这么一个螺旋式上升、不断更新的过程。我们应当在不同的客观条件、不同的发展时期中，认识这一前进过程的内外规律性，适应不同的时期，做出不同的判断。

人与天调

　　涉及实际人与自然的"天人合一"或"人与天调"思想源于《周易》，后来阴阳五行家及重农派大力发展，提出"圣王务时而寄政"，政令、刑德要与"四时之序协调"（《管子·五行》），要求君主"无变天之道，无绝地之理，无乱人之纪"（《吕氏春秋·十二纪》），很强调天、地、人的统一，如"力地而勤于时，国必富"（《管子·小问篇》）。特别在农业上将天、地、人统一的思想大加推崇、应用，基本成了指导农业生产的根本思想。"夫

稼，为之者人也，生之者地也，养之者天也。"(《吕氏春秋·审时篇》)。对我国农业影响最大的农书《齐民要术》明确地指出："顺天时，量地利，用力少而成功多，任情返道，劳而无获。"天、地、人统一的观点也是我国最早提出的生态体系。即使侧重哲理"天人合一"主张的核心人物孔子、孟子，在对待自然的态度上也是主张爱护和合理利用生物资源的。

由此可见，"人与天调"，天、地、人统一的思想在中国影响是深远的。特别在森林受到严重破坏、环境遭到广泛污染、温室效应加剧、臭氧层减薄、气候反常、灾害增多、荒漠化不断扩大、生物资源减少、生态平衡失调等情况下，主张人与大自然协调、和谐相处的思想更显得可贵。

■ 和谐家园 一个温馨美丽的家园，只有和谐相融，才能快乐温馨。

道之本体

　　"道"是道家思想核心范畴和最高概念，道者"先天地生""为天地母"，构成天地万物的本源，且能够蕴"万物之奥"，解"万物之所由"，是一切事物存在和发展的依据。

　　道家本体之"道"，是高度抽象的一元性哲学范畴，是一种特殊的存在，具有鲜明的哲学特征。"道"者，"万物之所然""万物恃之以生"，是天地万物赖以存续的依托。所谓"自本自根"，正是指出了这种客观性、无条件性、必然性；道家之"道"，并不是超时空的存

　　■ 最好是更好的敌人。世界上的很多事情，其实本身很难一步到位。一些人无所作为，并不是因为不想做事，而是一根筋地追求最好，最后什么也得不到。

在，而是事物本然性的体现。具有相对具体事物的永恒性，但并不意味着"道"是超越时间、空间的绝对虚幻，而是作用于万物，为"万物备"，虽然是"无状之状，无物之象"，但依然有物，有象，并以道性的形式而存在。天地万物的本然状态，正是"道"之本性的体现，也是"道"存于时空的特有形式；"道"是世间万物的存在依据，同时也是一种理想实现。"道"的终极指向是一种崭新的境界，是"常无"与"常有"的统一，真理与价值的统一，天道与人道的统一，在新的境界中，现实的人"成为与天地相并立的主体性存在"，本性回归，化入天地，自然自在，回归了"道"最本质的意义。

自然旨趣

　　道家思想虽然以"道"为核心，但其最根本的精神却是"自然"。道家的"道"论中，"道法自然"是永恒的主题，"自然之道"贯穿始终，自然境界得到弘扬。道家热爱自然美学，歌颂自然真性，敬畏自然法则，其哲学理念，内含鲜明的自然主义旨趣。

　　道家本体之"道"，以"自然"为核心，由内而外，体用结合，表现为三个基本的层次。第一个层次，道家之"道"，其内在本性，始于自然。道家将"道"规定为世界的本源，指的是万有存在的本然状态，也是事物存在的本质规定性，"自然"是"道"本身的应有之义，是规律最真实的存在，也是万物最本质的规定。第二个层次，道家之"道"，展开于外在物质世界，表现为自然。万物"因自然"而产生，其存在当"应以自然"，其发展则要"顺物自然"，即发掘万物固有的本性，顺从万物生存地规律，使其自然地演化。第三个层次，道家之"道"，对于人性，主张回归于自然。道家之"恒德"，在于"婴儿"，道家之"德厚"，比于"赤子"，这里的"德"，即是对道家自然之道的真正体会。道家主张去伪、"存真"，追求"自然""朴素"，回归"性命之情"，找寻自然人性，进而逍遥于无穷，而"天下莫能与之争美"（《庄子·天道》），人格的境界得以升华。

老官涑

■ 胸有不平气、怨气重的人，不但不能进官场，即使隐于民间，也得不到好修行，甚至保护不了自身的安全。有些人不但没有招人喜欢的性格，且颇多招人嫉恨的性格。这些人想成事，比其他性格好的人要难得多。

《道德经》和《清静经》

《道德经》和《清静经》都是道家的经典，二者都是讲道，却各有千秋。

道可道，非常道，大道无形、无情、无名

《道德经》曰："道可道，非常道。名可名，非常名。无名天地之始，有名万物之母。故常无欲以观其妙，常有欲以观其徼，此两者同出而异名，同谓之玄。玄之又玄，众妙之门。"

《清静经》则对"道"做了进一步的解释。

《清静经》曰："大道无形，生育天地；大道无情，运行日月；大道无名，长养万物；吾不知其名，强名曰道。"

这样一对比，就比较好理解了，大道呈现出来的三个特质是"无形、无情、无名。"

所谓得道，其实无所得

《清静经》曰："既入真道，名为得道，虽名得道，实无所得；为化众生，名为得道；能悟之者，可传圣道。"

意思是说，名义上说得了道，其实什么都没得。为了教化众生，才给一个名字，称之为"道"。所谓得道，其实无所得。能悟到这点的人，可以传圣道。言下之意，如果没悟到，则不能传道，传的也不是圣道。所以孟

■ 一切生灵都沿着进化的轨迹而来，人性亦由修炼而成。向高端境界攀登的过程中，孰能无过？过而能改，善莫大焉。少做种下蒺藜收获刺的事，尽可能多折几朵鲜花去送人。送人玫瑰，手有余香，不是吗？

子说，"人之忌，在好为人师。"

天道无情，人道有情

《道德经》曰："天地不仁，以万物为刍狗。圣人不仁，以百姓为刍狗。"

《清净经》曰："大道无情，运行日月"。

这个"不仁"和"无情"是表达一样的意思，说天道是没有感情色彩的，运行万物的生灭；而人道、人心，是有感情色情的，人心喜欢团聚，喜欢生；讨厌离散，厌恶死。圣人的心，是道心，任由人悲欢离合，不去干涉，圣人无为。

上士无争，下士好争

《道德经》曰："上士闻道勤而行之。中士闻道若存若亡。下士闻道大笑之。不笑不足以为道。"

《清静经》曰："上士无争，下士好争；上德不德，下德执德。"

"人与自然是生命共同体"是 19 世纪以来生态科学和 20 世纪系统科学发展的哲学表达和现实应用。1866年，德国生物学家海克尔提出"生态学"概念，由此揭开了世界范围内生态学发展的序幕。此后，无论是莱因海默的"自然经济"体系原则、埃尔顿的"食物链"概念、克莱门茨的"有机体"思想，还是坦斯利的"生态系统"，都主张用普遍联系和整体主义的方法来看待自然，主张人与自然有机相连，主张人与自然构成辩证发展的统一体，为今天更好地理解人与自然关系奠定了科

学基础。而系统论、控制论等概念和方法的引入，更是促进了生态理论的发展。

　　"人类命运共同体"是马克思历史唯物主义视域下人与自然矛盾的真正解决之道，是实践基础上自然生态与社会发展的统一。马克思一方面通过人与自然之间的交互对象性关系，即人化自然和自然的人化两个过程，澄明了人与自然的统一关系，从而用新的自然观替代了机械自然观；另一方面，马克思以此为基础，确证人与自然的统一是一个现实历史过程，是实践基础上自然生态与社会发展的统一。在这个意义上，"人与自然"的和谐与"人与人"关系的真正解决就是同一个过程。

　　■ 世上没人因烦恼而获得好处，也没人因烦恼而改善自己的境遇。但烦恼却在随时随地损害人们的健康，消耗人们的自信，减少人们工作的效能。更有甚者，烦恼还会劫夺他的体力，掠夺他的精力，损坏他的一切。在烦恼时，你只要用希望来代替失望，用勇敢来代替沮丧，用乐观来代替悲观，用宁静来代替烦躁，用愉快来代替烦闷就够了。请记住，如果情况不如人意，我们总可以想办法加以改变

法自然

　　法自然，宗无为，这是老子的思想。根源是道，法则是自然。天、地、人都是道的派生物，根源都需效法自然，派生物就更需要效法自然了。"道法自然"作为一种古代圣贤思考问题的出发点和结论，它蕴含着一种超越时代的、具有现代精神的自然观。老子的"道法自然"的思想包含着三层含义：天地万物都有所法；天地万物都无所为；天地万物同法自然。即：法则是普遍存在的；法则是不可违背的；法则是一视同仁的。如果将这三层含义融合在一起，很能说明道家的这种朴素却深刻的自然观。人类可以探究自然法则，并且将领悟万物的总法则作为人生修养的最高境界。

　　天、地、万物与人构成一个有序的整体，从而实现自我、社会、自然三者整体和谐统一。主张自然与人建立一种整体亲和的生态伦理关系。通过人和自然的相互沟通，各司其职，各就其位，使生态自然保持自身的系统和协调，维护自然界原有的真实和规律。

■　不要把时间浪费在无法改变的事物上，尽量在你使得上力的地方下功夫，努力寻找改善现状的契机。接受你无法施展影响力的事实，并不表明你得放弃希望，它意味着你可将精力转移到别的地方，而有不同的转变，说不定有更大的希望呢。

自
然

　　东方的自然观认为包括人、人类社会乃至人的思维领域在内的所有有形与无形的世间万物都属于自然的一部分，人是自然的产物。

　　"易有太极，是生两仪，两仪生四象，四象生八卦。八卦定吉凶，吉凶定大业。"这里的"太极"指宇宙的本体，老子称之为"道"，它包含世间万物，也决定着世间万物的演化与发展。"两仪"指的是阴、阳，也就是老子所说的天、地。"四象"指老阳、少阳、老阴、少阴，

可理解为春夏秋冬。八卦是由四象组合变化衍生出来的八种符号，代表天、地、水、火、风、雷、山、泽八种环境因素。八卦再排列组合变化则能描绘自然界的复杂现象与关系，对于人来说，则出现利害祸福，人们依据利害祸福，可以趋利避害。

天、地、人、道是构成自然界的四个层次。其中天、地、人为实，道为虚，虚实共同构成了自然界。天包括日月星辰、风雨雷电，用阳光与风雨滋养大地与人；地包括山河湖海、土石水火，是万物生长演化之依托；人与物包括人、动物和植物，禀受阳光、雨露、空气的滋养，又互相作用，从而变化繁衍；道则是维系着整个自然界的运行，包含了世间万物之间的联系，是万物发展变化的规律。

■ 人有两个命：始终快乐的命，烦恼不断的命。于是，也便可见两种人：天大的事也不愁的人，琐事也会被深缠的人。人生的轻松就在这里，沉重也在这里。解决自身烦恼的一种方法，就是去解决他人的烦恼。人在向外柔软的时候，也就懂得了向里柔软。想看爱别人的时候，也就学会了心疼自己。

■ "省"是反省、检查，是一种自我反思、自我检查、自我完善的自觉行动；"醒"是清醒、明白，是一种精神状态。在人生的道路上，"省"是"醒"的前提，"醒"是"省"的结果。真正的自醒，是要参高看远、比先竞优。在宽中"省"胸怀，在高中"省"水平，在远中"省"视野，在先中"省"差距，在优中"省"距离，反省自己，剖析自己，以"省"促"醒"，让自己成为更好的自己。

人类起源于自然，生存于自然，发展于自然。人类社会发展与自然环境关系密切。在不同阶段社会经济发展实践就是人与自然关系互为作用的过程。对人的需求而言，人类对自然环境的改造利用以不同的经济结构、生产方式和消费方式呈现出来。对自然环境而言，人类活动强度会导致资源赋存、生态系统服务功能以及环境质量发生变化，这种变化的阈值是人与自然关系博弈的结果，取决于人自身追求发展的欲望和对发展过程中人与自然关系的反思和警惕。

建立人与自然、人与人、人与自我之间的联系。人与自然和谐共处，便组成了"自然共同体"。

人类是我们这个星球上最高等、最具有聪明才智的生物，正因为我们人类有聪明才智，才会对任何未知的事物进行不懈地探索，才会有强烈的好奇心：人是怎么来的？生命是怎么产生的？19世纪末期，恩格斯在《自然辩证法》中说："生命是整个自然的结果。"其实在2100多年甚至2500多年前，在《黄帝内经》里，关于生命的起源早就有了类似的说法："人生于地，悬命于天，天地合气，命之曰人，人能应四时者，天地为之父母；人以天地之气生，四时之法成。"人生于地，生命的形成和整个大自然有关，天地二气相结合，这就形成了人，也形成了万紫千红的生命世界；人类能够顺应自然界春夏秋冬、寒来暑往的变化，因为我们人类是大自然的子女，而大自然、天和地是人类和自然界所有生命的父母。人是由天地之气合成的，在生命形成的过程中，和四季的规律是密切相关的。

■ 过了抱怨期，接下来就是轻松，再做类似的事情就是好玩了。当有人问你在干什么时，你会说："没干什么，在玩呢。"凡是成功的人都懂得如何在他的领域里玩，玩是人生的最高境界。这个"玩"不是游手好闲，一事无成，而是得心应手，游刃有余。所以明明在做事，却跟人说："我在玩。"

生命源于自然

对自然界的认识

　　人类对自然界的认识经历了不同时期。最早人类本身过着极其原始的生活，对周围发生的事情不理解，对自然界抱着恐惧感，认为冥冥中有一位神在支配、安排一切，认为自然界的昼夜往复、四季更替，风、雪、雷、电的发生，"日蚀""月蚀"的出现等，无不是天神的意志。

　　随着生产力的提高，人对自然的认识有了质的飞跃，认识到"天地万物"是由金、木、水、火、土五种成分所构成。把对自然现象的认识提到了新的高度。

　　由于农业不断发展，人们对自然的认识变得更为实际，劳

动者把自然界高度概括为"天""地"。有很多情况常把天、地与"气"联系在一起，这"气"不是道学中抽象的"气"，而是物质的"气"，如"天气""地气"。"天气"是指气候、季节，如《尚书》提到的"五气"是指雨、旸、燠、寒、风；《左传》上提到的"六气"是指阴、阳、风、雨、晦、明，即生态学上所说的光、温度、水、空气等因子。在劳动者眼里的"天、地"就是自然界，生物是自然界的产物，正如《月令》所说："天气下降，地气上腾，天地和同，草木萌动"。《周礼》也说过："天地之所合也，四时之所交也，风雨之所合也，阴阳之所和也，然则百物阜安"。显然，这里的"天、地"及其产物——"草木""百物"就是"大自然"。

■ 把顾客体验做到极致，美好的事情就会发生；把产品做到极致，现金流就会发生；把场景做到极致，流量就会发生。

环境与资源

广义的环境是以人类为参照中心，人以外的所有自然和人文环境都称之为环境，其范围和内容相对于某个主体的尺度层次而有所不同；狭义环境往往指相对于人类这个主体而言的一切自然环境因素的总和，是生物的栖息地以及直接或者间接影响生物生存和发展的各种因素，是人类不可缺少的生命支持系统。

广义的资源具有经济社会意义，是指一切投入到经济社会发展过程中的人力、物力和财力。随着科技的进步，资源的范畴也在不断拓展。而自然资源是指天然存在的自然物，不包括人类加工制造的原料，如土地资源、水资源、生物资源和海洋资源等，是生产的原料来源和布局场所，是维系人类生态系统的相互作用的物质流。

■ 在世俗的价值体系里，有用就是有意思。在个体的灵魂世界里，有意思才有用。前者关心的是钱权，后者在意的是趣味。没有谁会在物质世界一辈子有用，而有趣的灵魂如可以老而弥香。

自然环境、地理环境与生态环境

■ 生命中遇到的问题，都是为你量身定做的。不要轻言你是在为谁付出和牺牲，其实所有的付出和牺牲最终的受益人都是自己。

    人类活动依托的空间是地球表层的自然环境。自然环境是指生物生存和发展所依赖的各种自然因素的总和，与人类发展相关的自然环境是自然界被不断认识的一部分。

    地理环境是指一定社会所处的地理位置以及与此相联系的各种自然因素的总和，"具有一定社会所处的地理位置"特定区域空间特征。

    生态环境并不等同于自然环境。自然环境的外延比较广，各种天然因素的总体都可以说是自然环境，但只有具有一定生态关系构成的系统整体才能称为生态环境，即自然界一定空间内的生物与环境之间相互作用、相互制约、不断演变，达到动态平衡、相对稳定的统一整体，能够为人类提供生态系统服务。

    自然环境是广义环境的一部分，地理环境是有特定位置的自然环境，生态环境是自然环境中具有生物与环境关系的自然环境。生态环境的内涵是"由生态关系组成的环境"的简称，这里的"生态关系"不仅仅是指生物间的关系，是指与人类发展密切相关的，影响人类生活和生产活动的各种自然力量（物质和能量）或作用的总和。

生态文明

■ 学有所思，思有所悟，悟有所行。学思践悟，即学习、思考、践行、体悟。"学"是基础和前提，"思"是"学"的延伸，"践"是"思"的落脚点，"悟"是"践"的升华。

生态文明是人类在对主导人类社会的物质文明的反思，对人与自然关系认识的不断深化、生态伦理不断升华的基础上，协同推进经济发展、社会进步和生态环境保护所取得的物质与精神成果进步的总和，是以人与自然、人与人和谐共生、全面发展、持续繁荣为基本宗旨的工业化后的社会文明形态。

有些人把生态环境建设和生态文明建设混为一谈，其实两者既有联系又有区别。生态环境建设是生态文明建设的主要任务之一，生态文明建设是生态环境建设的"上层建筑"和引领。生态文明建设是一场天人合一、生态伦理的观念更新，是人的价值取向，生产关系、生产和生活方式复兴与进化的社会变革，是上层建筑进步的成果；生态文明建设不只是对自然的尊重、顺应、保护，还应包括建立人对自然的开拓、适应、反馈、整合和协同的生态关系；生态文明建设是在弘扬工业文明先进生产力基础上，扬弃其人与自然分离的发展观，将物质循环、信息反馈、循环低碳的生产方式和人地和谐的生态伦理观重新植入人类发展进程中，推进人类可持续发展。

034

自然环境的美，既不在生态，也不在文明，而在生态与文明的统一，即生态文明。

生态文明的审美视界较之自然生命的审美视界，主要有哪些不同呢？

第一，强调并凸现自然环境中的生态性。自然美具有自然性，这是其存在的基础，是自然美区别于社会美、艺术美的关键所在。

第二，将人与自然的和谐提升到生态平衡的高度。过去，我们谈到美，特别是自然美，比较强调人与自然的和谐，将这种和谐视为美，这诚然不错，但是，按生态文明审美观，这种和谐突出地体现为生态平衡。自然环境美的核心是生态平衡。

第三，将生命意味的美提升到生态意味的美。生命意味的美也许让人的审美视界专注于某一生命的形象展现，而生态意味的美则让人的审美视界扩展到生命的联系，呈不断的发散状态。

第四，审美中导入生态公正理念，体现出生态的兼容性。传统的审美一味张扬人的主体性，以人性及人的利益为本位去欣赏对象，而在生态文明的视界下，人的主体性融入了生态平衡的内涵，人的主体霸权得到约束，体现出对审美对象本体地位的尊重。

■ 在万籁俱寂中所得静并非真静，只有在喧闹环境中还能保持平静的心情，才算是合乎人类本然之性的真正宁静；在歌舞宣泄中得到的快乐并非真快乐，只有在艰苦的环境中仍保持乐观的情趣，才算是合乎人类本然灵性的真正乐趣。

生态与心态

　　只有从思想文化的层次解决问题，普及生态意识，创造出与自然和谐相处的人类生存发展模式，才可能从根本上消除生态危机。人文社会科学学者虽然不直接参与具体的生态治理实践，但他们却能够为挖掘生态文明的思想文化之根做出贡献，人对物质的无限需求与生态系统的有限承载力产生了不可调和的矛盾，人类如果再不限制发展，结果只能是加速奔向灭亡。生态系统的平

衡稳定就是发展的制动器，限制我们追求现已择的生活方式的自由是不可避免的，如果我们自己不能主动地约束，那么自然将会以更残酷的方式来限制，"发展"的目的化，即为发展而发展，必然导致"发展"的自足化和"发展"的异化，征服自然与征服人有着密切的联系，破坏自然美与人的精神沦丧有着密切的关系。

■ 如果不信仰生命、相信生命的力量，人便不会有动力追求美好的事物、自然与人类秩序，不会有悲天悯人的情怀，也难以有坚韧的生命责任感。

■ 静中静非真静，动处静得来，才是性天之真境；乐处乐非真乐，苦中乐得来，才是心体之真机。

自然价值观

　　"自然观"是指人们对于自然界宏观的、整体的认知，是人类认识自然事物及其规律，并在特定社会历史条件下对自然界的整体存在模式与发展变化趋势进行自我感知，是对自然关系的感悟与解析。

　　自然价值观是生态思想的基础，并深化了人们对人与自然关系的认识。在一定的自然环境和社会生产条件基础上，人们的自然价值观、对人与自然关系的认知水平又决定了人们对待自然的态度，从而决定他们占有自然物、改造自然物的方式，最终决定人与人之间的协动关系。

　　人与人的关系又反过来影响着人与自然的关系。在一定的社会物质生存条件的基础上，人们有计划地组织社会劳动，实现人与自然之间的物质变换，人与人的协动关系决定了占有自然物、改造自然物的能力和方式，从而决定人与自然的关系。所以说，人与人、人与自然的关系是内在统一的。

　　保护自然必须遵循自然规律。人与自然界的一体性是自然规律的重要内容。在自然规律的丰富内涵当中，人与自然界的一体性居于重要位置。这种一体性表现为人与自然界之间相互联系、相互影响、相互制约的辩证统一关系。

马克思自然观有两层内涵，一是自在自然，即非人化的自然，它是优先于人类而存在的天然自然；二是人化自然，即受人类的实践活动影响的自然，是与人的生存发展息息相关的一种自然形态。

自在自然

马克思认为自在自然是客观存在的，在人类产生之前，自在自然就已存在，它的存在是不以人的意志为转移

马克思自然观

的，即使人的实践活动力度再强大，自在自然的优先地位也不会改变。在自在自然中，人类与动物一样，要从大自然中汲取生活所需，要服从和依附于自然以实现自我生存与发展。一个人必须首先是一个自然人，才能进一步成为社会人。

人化自然

人化自然是一种打上人类活动印记的自然形态，是受人的实践活动的影响而形成的。作为人类认识和实践活动的对象，人化自然将人类与天然自然联系起来，为人类提供基本生活所需，以实现人类更好地生存和进一步的发展。马克思认为人类与自然的关系，如果离开了人类活动这一实践中介，那么任何自然再以人的活动作为判定尺度，也失去了存在的意义。人化自然是人类实践活动的产物，大致可分为三种类型，一是自然界本来不存在的，但人类通过提炼一些自然元素或者使用一些材料，制造出来的产品；二是自然界原本就存在，通过人力对其进行加工、变形，使其满足人类生活所需，这种类型的"人化"的程度是比较小的；三是自然界原始存在的，但其"人化"程度较前两种更低，人类通过一些实践劳动使它的性质发生某种改变，从而适应人们的要求。

人类与自然的关系是统一的。自从人类产生以后，一部分自然就打上了人类的活动印记，变成人类历史发展的组成部分，自然也就成为历史的自然。而人类通过实践活动将自然纳入人类的历史发展之中，将其作为生存和发展的前提条件，历史也就是自然的历史。世界上任何事物都是矛盾统一体，人类现在所生存的世界就是经过了人化的自然和没有人类涉足的自在自然的矛盾统一体。

■ 一个人，年轻的时候受了欺负，往往会想着要卧薪尝胆，发誓混出个名堂来给人看看。可是，到了真混出个样子来了，却发现仇恨早已经从自己的生命中消失。成功的真谛，不是证明给谁看，而是把自己的生命淬炼成博大、宽容和慈悲。

梭罗从整体角度出发来看待自然，认为整个宇宙是一个"共同体"，每个生命体都在其中扮演着不可或缺的重要角色，都具有其独特的生存意义和价值，所以他热爱大自然，尊重万物生灵，反对以人类需求为秩序的生活方式，强调回归大自然本来的秩序。

梭罗提到："绝大部分奢侈品及不少所谓生活的舒适，非但没有必要，而且毫无疑问是阻碍人类进步的一种障碍。"他身体力行，告诫人们生活品质不应以财富多少和生活的奢侈程度来衡量，只要满足基本的物质需求就足以享有生活，无须追逐无谓的浮华，强调一个人的生活应该是简约、纯朴、与自然和谐共处的。梭罗心中饱含着对自然的热爱，相信人天性纯洁，坚定地投身自然中寻找自我。

梭罗还认为，自然和人类不仅在物质上相互依存，自然还是人们精神活力的源泉。亲近大自然，在自然的芬芳中寻找精神愉悦的感受，不仅可以满足人们的精神需求，也有利于人们找寻人性的本真。总之，与大自然和谐共生会使我们的物质生活与精神生活都得到更好的发展，我们不应该为了物质上的浮华而失去对我们来说真正重要的精神源泉。

■ 抱怨是人的本能。抱怨带来的轻松和快感，犹如乘舟顺流而下，那是因为我们在顺应自己负面思考的习性。而停止抱怨，改用进取的态度去思考光明，却需要意志力。

儒家生态伦理观

　　儒家历来重视人与自然的和谐统一，认为人是自然界的一部分，不破坏人类赖以生存的自然环境，这是儒家文化的基本精神之一。

　　孔子认为自然规律是人所不能违背的，故须"使民以时""节用而爱人"，不浪费资源。孔子还具有保护动物的生态道德观，"子钓而不纲，弋不射宿"意即孔子不得已而渔猎，也不过分，钓鱼只用钩，而不用渔网去一网打尽；射鸟而不射鸟巢里的宿鸟，对动物有所保护。"知者乐水，仁者乐山。"他还认为智慧的人喜好水，仁

　　■ 今天顺境所犯的错误，会造成明天的逆境。在今天的逆境所做的聪明事，将开创明天的顺境。

德的人喜好山。以自然山水寄托人的仁德智慧，体现了孔子的道德与自然环境统一的意识。

《中庸》提出"赞天地之化育"，主张掌握人、物之性，行事不违人性、物性，以参与自然的生化发育过程。"上律天时，下袭水土"，不违背天地自然界的客观规律。强调"万物并育而不相害"，人与万物一齐生长发育，和睦相处，各得其宜。

孟子提出把人类之爱施之于万物的思想，"亲亲而仁民。仁民而爱物"主张把仁爱之心扩展到万物，体现了孟子博爱万物的思想。朱熹对此加以解释；"物，谓禽兽草木。爱，谓取之有时，用之有节。"把动、植物都包括在爱物的范围内，强调按时间季节，并有节制地获取。

荀子既主张"制天命而用之"，掌握自然规律为人类服务，同时又主张说"圣王之制也：草木荣华滋硕之时，则斧斤不入山林，不夭其生，不绝其长也；鼋鱼鳖鳅孕别之时，罔苦毒药不入泽，不夭其生，不绝其长也；春耕、夏耘、秋收、冬藏，四者不失时，故五谷不绝，而百姓有余食也。"把对山林川泽的管理和对自然资源的合理开发与保护，作为"圣王"的制度加以强调。其中所包括的在一定时节禁止砍伐、禁止捕捞以及砍伐与种养并举的措施，与今天的生态涵养原则十分接近。

张载称"乾称父，坤称母；予兹藐焉，乃浑然中处。故天地之塞，吾其体；天地之帅，吾其性。民吾同胞，物吾与也。"认为人与万物皆大地父母所生，故人与自然融为一体，而不是与自然对立二分的掠夺者。这种思想具有深刻的生态伦理意识。

程颢提出"一天人""仁者以天地万物为一体"的天人合一的自然观，强调人与自然环境的同一性，主张人与自然和睦相处。他曾上疏宋神宗《论十事子》，专论保护山泽等自然环境之事，提出了具体的环境保护措施和环保思想。程颢环境保护思想的哲学基础是万物与吾一体的天人合一思想，他认为"人与天地一物"，把人视为天地自然界的一部分。强调"人在天地之间，与万物同流，天几时分别出是人是物。"认为从大自然的角度看，人与万物同流，不曾有人与物的分别，因此把人与自然界的同一，视为理所当然。

佛教的自然观

　　佛教提出了"依正不二"的思想，所谓"依正"，即依报和正报。佛教将人类称为正报，将我们生存的世界称为依报。正报和依报是息息相关的，依报败坏了，正报则无以生存。佛教认为，世界是缘起的，它的存在和毁灭是来自条件的成败，来自因缘的聚散，所谓"有因有缘世间集，有因有缘世间灭"。那么，它的发展规律又是怎样的呢？佛陀告诉我们："此有故彼有，此生故彼生，此无故彼无，此灭故彼灭"。这一偈颂揭示了事物存在的内在联系。人与人的关系、人与自然的关系、自然与自然的关系，都是互相影响的，一荣俱荣，一损俱损。破坏大自然，和大自然对立，结果只能导致人类自取灭亡。

■ 钱的背后是"事"，把事做到极致，钱自来。事的背后是"人"，把人做到位了，事自精。人的背后是"心"，把心修正修成，人自成。

赤岸

美丽乡村

公元二零一四年
甲午腊月

047

道家思想的核心学说就是如何正确对待天人关系的思想，即：天人之间有什么内在关系，人类如何顺应这个关系。道家在这种理论指导下进行实践活动，长期以来形成了一套对人生、对生命、对生死的一些独特认识。

道家的自然思想最核心的内容是两个方面。

第一，道家最关注的，是人与天地万物的"本然之性"及其高度统一、高度和谐、相互依存的本然关系。人与天地万物都有自己的"本然之性"，实际上这就是老子思想中的"自然"。"自"是自己，"然"是然也，人和天地万物都有自己本来的"然"，也就是"本来的那样"，这就叫"本然之性"。老子把这个"本然"叫作"道"，道存在于人和天地万物之中，就是人和天地万物的"本然"或灵性。人修道，修的不是规律，是修自己的"本然"，修自己的"本来面目"，庄子把这个修道过程叫"缮性"，就是修缮自己的本然之性。人与天地万物都有这个道，这个道就是高度统一、高度和谐、相互依存的"本然之性"。这就是道家的自然思想中所说的天人之间的本然关系。

第二，人类的一切行为活动，都必须在尊重、服从、因循这个本然之性和本然关系的前提之下进行。实际上这就是"无为"的真义，意思是不要超出和违背这个"本然关系"而妄为。

■ 感谢生命如此美好！一盏茶，一张桌，一支笔，一处清幽。日子，在平淡中诞生出无穷的趣味；生活，在柴米油盐中翻炒出诱人的香气。生活，从来就不简单，但我只想用平和的心来简单走过——让三餐无忧，四季有书，有伞遮雨，朋友相伴！夏稍热，冬寒凉，偶有闲暇赋诗章，如此而已！

道教对生命的认识

　　大道寓于万物之中，故万物皆有"道性"。道性，就是万物的灵性。道在人身叫"人性"，也叫"真性""本性""真我""本然之性"等；道在物中叫"物性"，在天就叫"天道"。这些表述，都是讲"道"的存在形式，存在于人与天地万物之中，人与天地万物才都有了这种灵性。总的灵性是道，分到万物中，就是各自的"道性"或"本然之性"。

　　因此可以说，人与万物都由两部分组成：一个是无形世界，或叫无物世界、清虚世界；一个是有形世界，或叫物质世界。整个宇宙也是由这两部分组成，比如天地，天是无形世界，地是有形世界；天是灵性，地是万物，地的灵性是天。再比如人，人的灵性属于无形世界，是人自己的"天"；人的血肉、筋骨、毛发、五脏六腑等看得见摸得着的整个身体，属于有形世界，是物质的范畴，是人自己的"地"。

　　所以道文化，是把人和天地万物的无形世界部分作为最根本最重要的部分，而一般人认为看得见摸得着的所谓"客观世界"才是最真实的。这是道文化与其他文化流派不同的地方。

■ 瞎忙族的口头禅是"我很忙""我没时间"，经常发朋友圈晒加班，把忙碌当成炫耀的资本，殊不知恰恰暴露自己的效率低下。而高效人士从来不觉得忙碌有什么值得吹嘘的，永远只用结果来证明自己。轻轻松松把任务搞定，才是他们追求的终极目标！

天人高度统一

天人合一不是形体合一，天人能合一的，是高度统一、高度和谐、相互依存的无形世界部分，即"心灵"或"灵魂"。

一般人认识生命，大概就是我们的形体生命，从出生到死亡所看到的形体的变化。道教认识生命，要比这个深入和开阔得多。

道教对生命的认识，分为以下几个层面。

第一是对"形"的认识，这是最低层面。丹道认为，作为血肉之躯的形体只是一个载体，不是真实的"本然灵性"或"真我"。不过如果没有这个"载体"，人的"道""灵性""精气神"就没有依托。所以，道教认为，形体生命只是一个随"本然灵性"而"从动"的"载体"而已，是生命的末端层面。

第二是对"命"这一层面的认识，即"能量"层面，丹道里面叫作"真命"，真性和真命合一，叫作"性命双修"。命的层面是中端层面。命就是气和精，也是无形的范畴。

第三个是最上一层，对"神"即"主宰"层面的认识。丹道中有时说"神"就是真性。"神"是靠形体生命来承载的，同时又是形体生命的主宰者，也是"气"的主宰者。《易经·系辞》有这么一句话："形而上者谓之道，形而下者谓之器"，器就是万物。为什么叫"器"而不叫"物"呢？是因为取其"载道之器"之意。就人而言，人的身体只是承载"道"的"器"，形上之"道"是主宰形下之"器"的；那么，自我之道就是主宰自我形体的，统御着自我的形体生命，是形体生命的灵性。可以这么说：道无器不载，器无道不灵。

■ 一个人想得到别人的尊重，想出人头地，必须有过人之处，必须比别人付出更多，要么你会说，要么你会做，而且你说的做的还要得到行家的认可。

人之三要素

"性"主要指人自身的"神","命"主要指体内的"气"和"精",这些都是无形的"道"的范畴,被有形的形体承载着。有形的血肉之躯,与精、气、神结合起来,才是一个完整的有灵性的人。

生命的真正意义,在于人的无形世界部分,包括作为灵性的神,和作为能量的气。没有这无形的灵性和能量,人就不能存在。我们常常把一些懒惰寄生、不思进取的人叫"行尸走肉",就是形容他如同缺少了灵魂一样。

对于这个问题,可用汽车做个形象的比喻。汽车,喻指我们的身体,是载体;汽油,喻指我们的气,是能量;司机,喻指我们的"神",是主宰;车、油、司机三者的关系所喻指的,就是我们的身体、气、神的关系。很显然:①司机这个主人是主宰着一切的,如果没有司机,不论汽车、汽油质量怎么好都是没有意义的。②如果没有燃油,即使有车、有司机,也没有什么意义。这个比喻形象地说明了无形的神、气和有形的身体之间的主次关系。

综上所说,道教对生命的认识,是基于"神""气""形体"三个部分而言的,这是组成一个人的三大基本要素。因其三个不同层面,又可分为截然不同的三种生命形态。

■ 动用时间去工作,这是成功的代价;费点时间去思考,这是力量的源泉;花点时间去运动,这是年轻的秘密;抽出时间来阅读,这是智慧的基础;匀出时间来交友,这是快乐的通道;要点时间来梦想,这是希望的乐章。

道教的生命观

道教的生命观可分为两大类：一是常规意义的生命观，指人的形体生命百态，其最高境界是"尽天年"；二是超然意义的生命观，是指经过一定的修身完善过程，超脱了形物的滞累与障碍而返璞归真，回归到"本然之'道'"的生命形态，其最高境界是"长生"。如果再详细划分，道教的生命观又可分为夭折、天年、长寿、长生四大类。

（一）生命的"夭折"和"尽天年"

天年，就是自己原本应有的天然寿限。尽天年，就是享尽天年的意思。如果人的一生都能尊天理，顺万物，守自性，不妄为，就可以走尽自然生死寿限的全程，也就是享尽天然寿命，这叫"尽天年"或"享尽天年"。

尽天年的前提，是必须能做到尊天顺天、坚守自性、从不妄为。尽天年以下，便是各种各样的死亡，也就是普通人的生死百态，实际上并没有走到自己原本生命应有的尽头，而是各种各样的不正常死亡。

只要能享尽天年，就说明这个人没有违背天理，没有违背自性，在这种前提之下，不论阳寿多少，都是形体生命的最高境界。

（二）生命的"长寿"和"长生"

长寿，是在尽天年的基础上延长原本的形体生命。

长生，是超然意义的生命观。这个生命就不是以形体生命的年限为标准了，而是达到"我性"与"天地万物之性"畅通无碍的一种生命境界，这种生命可以"天人合一"，正如庄子所言："天地与我并生，万物与我为一""与天地精神相往来"。能达到这种"长生"境界的人，就是"得道"的人，庄子称之为"真人"或"至人"。

■ 快乐的来源包括"新的刺激"与"不断超越"。这就说明了那些酷爱登山的人，为什么总是喜欢向高峰挑战。生活中最快乐的事莫过于做旁人认为你无法做到的事情。

老子和庄子都是道家的代表人物，但其思想有很多不同之处。庄子是玄想家，浪漫、理想，自然而然是他做事的最大特色。老子则较为现实、功利，善于从人事之利害得失上做打算。老子总是想把自然中的规律运用到人事上，以便在处理事务中优胜于对方。而庄子尽量把人事融入自然，目的是想让人过上一种"逍遥游"的生活。

《老子》一书，经常用自然界此起彼伏、此消彼长、强弱对立转化等规律来处理人事关系。"水善利万物而不争，处众人之所恶，故几于道矣。"唯有"以其不争，故天下莫能与之争"。老子从水的居下、柔弱这些自然规律中，领悟到"不争""不以兵强天下"对于治理国家、处理人事关系

的重要作用，并且进一步得出"将欲翕之，必固张之；将欲弱之，必固强之；将欲去之，必固举之；将欲夺之，必固予之"的权谋之术。也可以说，老子提倡"无为""不争"，其最终目的是要达到"无不为"。

庄子一生主要游历于社会下层，与渔夫、工匠、屠夫、农民交往密切。他看透了人情世故，希望追求一种理想中的"精神家园"。

《庄子》把合乎自然规律看作养生、治国的最高境界。"缘督以为经，可以保身，可以全生，可以养亲，可以尽年"，即顺着自然的道路去养生才可以享尽寿命。"人之不以好恶内伤其身，常因自然而不益生也"。故而，对于生死，庄子说"死生，命也，其有夜旦之常，天也"，认为人的死生是自然规律，犹如昼夜交替那样永远地变化着，应该应时而生，顺理而死。庄子对待自己的死，表现得尤其浪漫。他对自己的学生说：我把天地当棺材，日月就是壁灯，满天的星辰就是珠宝，世界万物，都是我的葬送品，你们就不要再操心了。学生说：没有棺材，我们怕乌鸦、老鹰吃了你。庄子却哈哈大笑说：弃在露天，是送给乌鸦老鹰吃；同样，埋在地下，是送给蚂蚁吃。还不是一样的吃吗？为什么要夺了这一边的食粮送给那一边呢？

老子和庄子虽然都想使"人"的行为符合自然界的规律，但是庄子是把"人"融入"自然"中，以"自然"为终极关怀，而老子是把"自然"融入"人"中，以"人"为终极关怀。因此，老子崇尚功利，重视现实，把握"自然"，"无为"而"无不为"。庄子却是一个浪漫主义色彩浓厚的玄想家，重视"自然"，追求超然于物外的生活境界。

■ 感官（眼、耳、鼻、舌、身、意）不会对任何一种刺激，保持不变的关注，就算是再美好的经验，倘若这些经验持续不断地刺激，感官也很快就会感到疲劳。外在事物无论是否能保持恒常，但凡众生的感官无常，就不会有"常"可言。

三才之道

■［每日十点］微笑露一点，嘴巴甜一点，说话好一点，脾气小一点，度量大一点，脑筋活一点，做事多一点，行动快一点，效率高一点，理由少一点

三才：指天、地、人。语出《易传·系辞下》："有天道焉，有人道焉，有地道焉。兼三才而两之，故六。六者非它也，三才之道也。"《易经·说卦》"是以立天之道，曰阴与阳；立地之道，曰柔与刚；立人之道，曰仁与义；兼三才而两之，故《易》六画而成卦"。大意是构成天、地、人的都是两种相互对立的因素，而卦是《周易》中象征自然现象和人事变化的一系列符号，以阳爻、阴爻相配合而成，三个爻组成一个卦。"兼三才而两之"成卦，即这个意思。三才思想在中国文化中可谓源远流长。如盘古开天辟地的创世神话，其实表现的就是天、地、人三才思想，那时古人就把人放到了突出的位置。其他古老的神话，也包含着三才思想，如共工怒触不周山，天柱折，地维绝，天倾西北，地覆东南，自此天道左行，地道右迁，人道尚中。这是三才思想的升华，但是，还只停留在天、地、人各行其道的水平之上。到了《易经》的时代，人们终于发现：人可以向天、地学习，人道可以与天道、地道会通，通过法天正己、尊时守位、知常明变，以开物成务，建功立业，改变命运，成就了"三才之道"的伟大学说。所谓"三才之道"就是高扬人道旗帜，人与自然休戚与共、和谐发展之道。"三才之道"影响深远。老子的"三生万物"思想，实质就是三才生万物的"天、地、人"三才之道思想。

人与自然和谐
共生之道

　　《道德经》云:"人法地，地法天，天法道，道法自然。"就是要人们遵循大自然的规律，以此保护自然界和谐的生态圈，人的生存离不开大自然，破坏了大自然的生态圈，就是破坏了人自身的生态环境。

　　"夫人命乃在天地，欲安者，乃当先安其天地然后可得长安也"。道教认为，天地万物皆由"道"而生成，"一切有形，皆含道性"。"道"赋予了万物本性自然发展的权利，因而，人与自然是有机同构互感的整体，人类不能随意对它们进行杀戮；而必须依赖自然界生存，保持与自然界的和谐关系，"生态平衡"课题已越来越引起了众多有志之士的共识，保持"生态平衡"，才能更好地促进社会和谐的发展。"天地之大德曰生"，人应该"与天地合其德"，对万物"利而不害"，辅助万物生长，顺其自然，不扼杀宇宙万物的生机。维护人与自然的和谐，关键要以"慈"为念，若能做到"慈心于物，仁逮昆虫"，则天人一体，美人美物。

一阴一阳之谓道

"一阴一阳之谓道""形而上者谓之道，形而下者谓之器。"道是相对于器而言的，器即具体的器物。器是具体的、形而下的、可以指明的，道则是抽象的、形而上的、不可以具体指明的。老子说："道可道，非常道。"可道之道并非常道，常道不可道，不可明言，只可体悟。这一思想，主要包括如下几方面的含义。

　　世间的一切事物，都可简单地分为两个方面，一是阴，一是阳。乾是阳，坤是阴；天是阳，地是阴；日是阳，月是阴；昼是阳，夜是阴；南是阳，北是阴；上是阳，下是阴。有阴才有阳，阴与阳是一一相对的。

　　某一事物的基本性质可以是阴、是阳，但不是绝对的。

　　阴阳两种因素、两种势力并不是静止不动的，而是此消彼长、流动往复的。

　　阴阳两种力量并不是彼此对抗的。当阳的势力增强时，阴的势力就会处于退缩；当阴的势力增强时，阳的势力就会处于退缩。

　　阴阳两种势力并不是各自独立、独行的，而是一定要和对方发生交互感应。

　　阴阳的交互感应促进了新事物的产生，促进了事物的运动、变化与发展。

　　事物发展到一定程度，必然会向相反的方向发展，阳极而为阴，阴极而为阳，静极复动，动极复静。

■《道德经》中说，致虚极，守静笃；万物并作，吾以观复。虚和静是儒释道的大智慧，也是我们应该学习的人生大智慧。虚容万物。《庄子·齐物论》："天地与我并生，而万物与我为一。"要达到这种与天地万物并生为一的状态，就需要在虚上下功夫。而这种状态其实就是体悟大道。

人与自然关系的演进：
敬畏—征服—和谐

就人类社会的发展历程来看，人与自然的关系经历了三个阶段，即：敬畏自然——征服自然——人与自然和谐共生。

在远古渔猎时代，由于认识和改造自然的能力有限，人类的活动既完全依赖于自然，又受制于自然，人们既无法科学地了解自然，又不得不服从听命于自然，人们在内心以一种崇拜和敬畏的态度顺应自然。

在工业文明时代，随着人类生产水平的不断提高，人类活动逐步进入了征服自然的阶段。客观地说，人类探索和征服自然，对人类社会的进步与发展起到一定的积极作用，经济、社会、文化等在这一阶段得到了巨大的发展。然而，也正是在这种片面价值理念的误导下，人类对自然的过度开发和利用，造成了环境破坏、资源匮乏、生态失衡等严重的问题，给人类的生存与发展带来巨大重的威胁。

到了后工业时代，在严峻的生态危机面前，人们对美好生态环境的期待变得越来越高，不得不重新思考人与自然的关系，人与自然的关系也随之进入了第三阶段：把自然当作伙伴和朋友，以实现人与自然的和谐共生。

■ 一个人如果能够保持"虚"的态度，就意味着有了博大宽广的胸怀。静生百慧。只有守静的人，才能发现生活中的幸福和美。浮躁的人、脚步匆忙的人总是会错过很多美好的东西。

人与自然和谐共生的发展准则

"人与自然和谐共生"是指：为保障自然系统生态功能的完好性和稳定性，人类经济活动的规模和水平，必须以自然生态系统的承载力为约束，以保持一种可持续发展的良好状态。

1. 最小安全面积

人与自然和谐共生，体现为"人类经济活动开发利用的土地面积"与"维护自然生态系统功能的保护土地面积"之间的关系。生态学理论一般认为，用于生态保护的土地面积占国土面积的比例，不得低于25%~30%，才能整体上有效地维护生态系统及其生态功能的完好性，才能保证整体上的生态安全。

2. 生态功能区红线

人与自然和谐共生，也体现为"人类经济活动可开发利用的区域"与"维护自然生态系统重要生态功能的禁止开发利用区域"之间的关系。即在重点生态功能区、生态环境敏感区、禁止开发区和生态脆弱区等区域应划定严格管控边界，实施全面保护，避免人为因素干扰而造成生态环境质量状况下降。

3. 资源消耗与环境损耗的承载力约束

人与自然和谐共生，还体现为"人类经济活动可消耗资源可损耗环境的额度"与"维护自然生态系统资源再生能力和环境自净化能力"之间的关系。即在遵循可再生资源利用速度不超过资源再生速度、不可再生资源利用速度不超过替代资源替代能力、污染排放量不超过生态系统自净化能力的原则下，根据自然系统的承载力和自净化能力，确定各经济活动区域内的自然资源可消耗额度、污染物及废弃物排放额度。

4. 生态承载力的人口经济规模约束

人与自然和谐共生，还体现为"人类经济活动人口规模经济规模对自然生态系统形成的负载"与"维护自然生态系统功能可承载人口规模经济规模"之间的关系。即各区域应根据当地自然地理条件及发展水平，评判其人口经济规模是否超过了自然生态系统的承载容量，并根据是否超载、超载严重程度来决定其未来的发展取向。

■ 人生逻辑大于商业逻辑，人生算法大于商业算法，如果永远去做余生中最重要的那件事，你至少没有遗憾，因为人生最大的遗憾，不是我不行，而是我本可以。

自然规律

　　自然有自然的规律，正是这些恒定不变的自然规律才形成了宇宙，造化了大自然万物生灵人类的一切，所以这世界上没有什么事物是可以超越凌驾于自然规律之上的。

　　《道德经》云：人法地，地法天，天法道，道法自然。在此"道"所涵盖的就是规律，而规律则又来自于自然的本质。因此"自然"才是真正最高境界。

　　自然规律本身就是一个最古老最原始的话题和课题，那么什么是自然规律呢？它必须有一个前提，那就是生存，没有生存，万象万物所有的一切规律都失去了其本身的意义。这是绝对的，无条件的。自然规律在生存的前提条件下顾名思义，就是自然而然形成的天体万象自然万物的永恒生存发展定律，这种定律是不依任何人的意志为转移，不为任何尖端科技可突破可逆反的天体自然万物人类共存共通共有的永恒生存的定律。

■ 生活不简单，尽量简单过。人生最大的遗憾，莫过于错误地坚持和轻易地放弃。世事难以预料，遇事无须太执，谁都无法带走什么，又何必纠结于某一时、某一事。只有看开了，想通了，才能随缘、随喜、随心，不急不躁，不悲不忧，静默淡然，随遇而安。

从『时中』汲取人与自然和谐共生的智慧

儒家的"时中"一方面指遵守世界发展的时间性，顺时而为，另一方面指行为合度，无过不及，这对于人与自然和谐共生具有重要的指导作用。

虽然在时间的发展过程中，日月更迭、四时代序等具有一定的规律性，但是世界的时间长河总是充满着未知因素。在这里，"时"虽然还具有时间的含义，但是更加强调时机性。世易时移虽然给我们带来了挑战，但也给我们带来了机遇、机会，所以，我们要善于抓住这个这种难得的时机，去做自己该做的事情。正所谓"机不可失，时不再来"，在这样一种"时机"当中包含诸多因素，因此，在面对这种时机时，我们须在恰当的时间、恰当的地点，面对恰当的对象做出恰当的举动，这也就是说，我们的行为要适宜、适度，而这也是"时中"的第二种含义。

总结起来，"时中"总结起来就是要顺时和适度，而这实际上也就是"时"与"中"的有机组合，或者说，我们既可以对"时中"作整体性的理解，也可以从"时"与"中"同时入手，来把握"时中"。

　　"时"的首要含义是时间，而时间是具有强烈的规律性的，就像日月交替，四时代序，都是具有规律性、节律性的，因此，时中就是要顺应、遵守这种规律性、节律性。人类要想与自然和谐相处，就不能对自然强作妄为，而要自觉服从自然运行变化的节律性，而其最典型的表现就是"以时禁发"观点。"禁"是禁止，"发"是开发利用，"以时禁发"即指人类要根据自然发展的节律开发利用自然，在不能开发的季节让自然休养生息。

　　孔子说"四时行焉，百物生焉"，就明确地强调自然是按照自己的规律来运行发展的。而孟子在注重道德修养的同时，希望将内圣之学在王道政治当中得到更加直接的体现，因此更加关注人们现实的物质生活需求，希望能够通过发展农业生产来提高人们的物质生活水平，而这也就致使孟子高度关注"农时"——农业生产的节律性。荀子则更加明确地指出，自然界有其严格的规律性，而且这种规律性不会因为人们的主观好恶、人类的善恶而改变，"与天地参"并不意味着人在自然面前无所作为，坐等自然的恩赐，而是按照自然规律开发利用自然，"天有其时，地有其财，人有其治"，积极地发挥人的主观能动性，按照自然规律来利用自然界为人类的生存发展服务。

■ 行走红尘，我们都是时间的过客，都免不了归于尘土的命运。要做个柔软而有情味的人，不负自己，不负红尘，因为"心的柔软，可以比花瓣更美，比草原更绿，比海洋更广，比天空更无边，比白云还要自在，柔软是最有力量的，也是最恒常的。"

■ 闲，并不是一个人的福气。相反，废掉一个人最快的方式就是让他闲下来。正如罗曼·罗兰所说："生活中最沉重的负担不是工作，而是无聊。"李尚龙曾说："真正的安稳是历经世事后的淡薄，你还没有见过世界，就想隐退山林，到头来只会是井底之蛙。"

无过不及本来是用来表达人之德行的。子贡询问子张与子夏在德行上孰高孰低，孔子指出，在进德修业的道路上，子张做得有些过头，而子夏又稍显不足，"师也过，商也不及"。虽然按照惯常的理解，过总比不及要好，但是孔子却说"过犹不及"（《论语·先进》）。因此，在孔子看来，即使是我们追求高尚的道德目标，过度与不及都有问题，都不值得提倡，最理想的做法是"无过不及"，既不超过，也不达不到，从而做到合度合宜，而这实际上也就是孔子所说的中庸之道。程子说，"不偏之谓中"，朱熹则说，"中庸者，不偏不倚、无过不及"。就是要在合适的时间、合适的地点，对合适的对象做合适的事情，也就是要合度、合宜。这样一种思想对于人与自然和谐共生同样具有非常重要的指导意义。

在当今社会，对自然破坏比较严重、影响人与自然和谐共生的主要问题，就是开发过度而保护不及的问题。为了应对日益严重的生态危机，我们就必须反思我们的经济发展模式，我们不能因为金山银山而就彻底地忘记了绿水青山，而是要在获得金山银山的同时也要拥有绿水青山，在实现经济繁荣的同时，也要拥有良好的生态环境，这就必须要将对自然的开发利用限制在合理的限度内。

阴阳五行

事物分阴阳，阴阳是一种物质，也是一种气，即是能量的表现形式，五行乃是木火土金水，顺次相生，隔之相克，一方太过必然导致失衡，会有很多问题发生。无论什么事物过程如何发展、循环，总是要归于平衡。

五行的相生指的是相生、相养、相助；五行的相克指的是相互制约、相互抑制。"木性发散，敛之以金气，则木不过散；火性升炎，伏之以水气，则火不过炎；土性濡湿，疏之以木气，则土不过湿；金气收敛，温之以火气，则金不过收；水性降润，掺之以土气，则水不过润。皆气化自然之妙也。"有相生是为了使某种气的运动不会出现不足，有相克就不至于造成某种气的运动太过，金克木、水克火、木克土、火克金、土克水。只有生、克相合，自然界的运动才平衡，这样年复一年，所有生命都被打上五行的烙印。

■ "古今多少事，都付笑谈中"。人类苦难，大可直面；生活艰难，大可拆穿。晚拆不如早拆，人拆不如己拆。不必自欺欺人，不用精神胜利。拆穿即妙，破相即道。拆穿真相，才能跨越它；看穿本质，才能战胜它。实事求是是中国哲学基本观，从问题的实事出发去用心求是的规律。换句话说，以实事为依据，以问题为导向，以困难为动力，以规律为根本。

農業的邏輯
是生命邏輯

■ 身安，不如心安；屋宽，不如心宽。以自然之道，养自然之身；以
　喜悦之身，养喜悦之神。有所畏惧，是做人最基本的良心准则。

　　"木者春，生之性，农之本也。"这段话的意思是说：春天来了，大地
上的各种生物萌发复苏，生机盎然，生物的这种生命力，就是农业的根本。
这种"生之性"不是飘忽在空中，而是体现在生物身上，潜藏在种子里面
的。具有生命力是一切谷物的共同本性，这种生命力集中凝聚在种子里。
春天阳气的敷布则是促使其显露和展开的外界条件。古人认识到植物通过
种子完成生命的世代延续，从而把种子视为生命力的代表。

　　农业生产最主要的功能是提供维持和延续人类生命的物质，它是人
类生命的依托。中国人民自古以最富含生命力的谷物种子为主食，被称
为"粒食之民"，早在春秋战国时代，人们就把"五谷粟米"视作"民之司
命"，《黄帝内经》强调"五谷为养"，这是中国人民长期实践的选择，具有
深刻的科学依据。秦汉以来，历代统治者和思想家都把农业提到"为生之
本""养生之本""有生之本"的高度。因此农业又被称之为"生产""生
业"。把农业定位为"为生之本""养生之本"，实际上就是把农业与人类自
身的再生产联系起来。

农业的生命逻辑是生态逻辑

　　生命有机体的新陈代谢则是其自我更新的方式，是其存在的基本条件，新陈代谢一停止，生命也就结束了。生命体是不能脱离它所依存的环境孤立存在的。一切生物必须和必然要与环境组成相互依存的生态系统。

　　物质世界中出现生物和人类，是宇宙进化中最伟大的事件。现代科学知识告诉我们，宇宙大爆炸发生在150亿年前，地球出现在50亿年前，经过15亿年无生命时代，35亿年前地球孕育出单细胞生物，地球生物圈由此逐步形成。350万年前人类的诞生和1万年前农业的发明，则是它演进的最高成就和最新阶段。地球生物圈是各种生态系统的相互联系的集合体，构成最大的生态体，也是生命的共同体。在地球生物圈中，生命系统和生态系统密不可分，生命是生态的中心，生态是生命的依托。因此，农业的生命逻辑也是生态逻辑。

■ 选择比努力更重要。在错误的道路上，奔跑也没有用，方向错了，止步就是进步。要学会选择最佳、选择掉头、选择放弃。我们需要埋头拉车的勤奋，更需要抬头看路的清醒。今天我们脑子"进的水"，一定会成为明天我们眼中流出的泪。

生命逻辑覆盖农业
生产和生活领域

以生物的生命活动为基础的农业，不但依靠环境的支撑，而且是在人的参与和辅助和导引下进行的。以保证其正常进行，并向着有利于人类的方向发展。

在采猎经济时代，人们是天然食物的攫取者，为了寻找和追踪采猎对象而游动。农业发明以后，人类从单纯的攫取者变为经济意义上的（区别于生态意义）生产者，随着园篱农业向大田农业的过渡，他们靠近自己开辟的农田而又便于生活的地方建立起定居村落，于是形成农业与农村、农民的相互依存。

■ 不要让今天的懒，成为你明天的难！我们只有非常努力，才能看上去毫不费力。深度学习配上深度工作，每个阶段争取做成一件高难度且建设性的事，做不成意料之中，做得成那可就自我超越信心倍增了。

农田是农民主要的生产基地，村落则是农民主要的生活基地。即农田主要承载物质资料的生产，村落则主要承载人类自身的生产。农民不但在村落中栖息、消费和繁衍，而且在这里安排和组织生产，并进行部分生产活动，如种植蔬果、饲养禽畜、修理制作农具、加工储藏农产品等。

　　乡村生态系统和天然生态系统本质上不是对立，而是相互联结、相互交融的。人们在这个生态系统中生产和生活，每天，日出而作，日落而息，春耕、夏耘、秋收、冬藏，生产节律、生活节律和生命节律、自然节律一致，生命逻辑和生态逻辑覆盖着农业生产和农村生活的全部领域。

如果一个人在小时候能生活在自然的环境中，这对于他的一生来说都将是最幸福的回忆，孩童时代就有机会接触自然、感受自然的神奇与美丽的人，在他长大之后，也将永远在自己的心中给大自然留下一块空地。

想要了解各种各样的树木，就必须像植物一样无忧无虑，能够把每一棵树，每一朵树下的小花儿都当成朋友的人，是真正快乐的人。去观察树木在自己的原生地的生活，在每一个文明的国度，人们都会悉心保护他们的森林。保护土地的自然风貌，可以治愈人们心灵的伤痛，它们能带来很多很多的欢乐。

当我们独自身处于大山中的时候，似乎从每一棵树，每一朵花，每一条山间溪流中，都能感受到伟大的自然的存在。

■ 一个人，可以平凡，但要有不甘平庸的志向，且要有明确的人生目标，还要有计划并付诸行动，更要有付出不亚于任何人的努力，加上掌握人生起落与事物发展规律，抓住时机，顺应趋势，则可以成事，成功。

生活（居）

　　环境的本质是人的家园，环境美学不是环境欣赏的学问，而是生活的学问。生活以居为基础，我们将这种居家过日子的生活概括成"居"。

　　关于环境的居住功能，有宜居、安居、利居和居、乐居"五居"。

　　"宜居"重在生命的保存，"利居"重在生命的发展，"乐居"重在生命的享受。"乐居"是环境美的最高层次，强调营造"乐居"的环境，让人们生活得更幸福。

　　"宜居"主要是指自然的生态环境有利于人的健康。这种生态环境是自然本身提供的，比如，有些地方气候温润，极少发生地质灾害，土地肥沃，利于作物生长，也宜于人们生活，即为宜居之地。

　　"安居"是建立在宜居的基础上，但宜居之地未必就是安居之地，安居较宜居有更高的要求，安居的核心是安全。

　　"利居"重在事业的发展，而"和居"重在人与自然、人与人之间的和谐。

　　"和居"的"和"几乎涉及人类生活的方方面面。有属于功能方面的，表现为自然环境对人的物质生活方面需要的满足；也有属于精神方面的表现，为自然环境对人的精神生活方面的满足。审美的"和"要求自然环境是美丽的，亲和的，耐读耐品，魅力无穷。

■ 直道可跑马，曲径能通幽。条条大路通罗马。与其背着烦恼朝前走，不如放下包袱调个头。路不一定直着走才省力，有时候，拐个弯反而是在走捷径。

大自然的美妙

在自然中，阳光不单单照在我们的身上，更照在我们的心里；河流不只是流经我们身边，而是流淌进了我们的身躯。大自然本身就是我们的一部分。

人们都可以走到户外，亲近大自然，欣赏自然的美丽。你可以用写日记的方式记录下感兴趣的东西；你也可以在日记中画画，不要担心画得怎么样，因为画画更重要的作用，在于能够帮助你去更好地观察事物，让你看得更仔细；你还可以为你喜欢的自然景象写一首诗。

■ 咸淡人生各有味。年轻时喜欢辛甘厚味的食物，滋味越浓烈，心情越舒畅。可人到中年，食，喜欢原汁原味；衣，喜欢舒适熨帖；住，喜欢安静温暖；行，喜欢从容安好。经历了青春的飞扬，经历了爱情的大起大落，经历了事业的峰回路转，经历了人生滩险弯急，渐渐回归本位或者说是原点。经历过歌舞繁华的喧嚣，退回到随遇而安的抱朴，一碗白粥，一碟白水煮菜，你若吃得津津有味，那么恭喜你，体会出人生的真正滋味。

蒋勋曾在《品味四讲》中写道：大自然真的可以治疗我们的，可以让我们繁忙的心情放松，找回自己。

林语堂也在《生活的艺术》中提及：大自然本身永远是一个疗养院。它即使不能治愈别的疾病，但至少能治愈人类的自大狂症。

大自然担得起所有文学家、艺术家的赞美，但也绝不仅仅止于这种感性的赞美。

伊利诺伊大学香槟分校的科学家们在《心理学前沿》上发表的一篇文章称，大自然有 21 种可能改善健康的途径。其中已经确定的是：明媚的阳光和空气负氧离子，被证明可以缓解抑郁；在大自然中观赏美景，可增强自身对心率和血压的控制；聆听大自然的声音，可以帮助人们从高压力中恢复过来。另外，研究表明，在树木繁茂的自然环境中，仅仅需要三个白天和两个黑夜，就能使人的免疫系统得到改善，而且能创造出持续七天的幸福感。

■ 美好的事物总让人心生亲近。比如说春天到了，花开了，大家都想找一个空闲的时间去名山古刹里看个樱花，去桃花流水间看个鳜鱼，却似乎总不得闲。于是乎，琢磨了很多地方，甚至连攻略都做好了，结果哪儿都没有去成。因为当你腾出时间来的时候，桃花已经谢了，樱花已经落了。若是错过了赏花季节，那便只有再等来年，没有别的选择。时间不等人，花也好，人也好，同样不会一直等我们，更不会为我们而改变，或许因为不等，所以才更要珍惜。

大自然治愈

1. 大自然与运动

研究发现，在野外运动与在城市中运动相比更有助于降低患抑郁症的风险。 参与者分别在乡村的草地区域和城市的道路上行走。结束后，研究人员检测了大脑中负责沉思的区域，发现在乡村区域行走的人这部分脑活动减少，而在城市环境中行走的人没有发生改变。

2. 大自然与注意力

还有研究发现，人的记忆力和注意力时长会在与大

■ 有它说过：人生就像手风琴，要被生活和环境给你压缩到底，再从零舒展起来才能奏出动听的旋律。

自然互动一个小时后增加 20%，无论是在阳光明媚的晴天还是寒冷的冬夜，这个益处都是存在的。 这项研究的结果表明，学生在学习和发展的过程中能充分接触大自然很重要，特别是那些患有多动症和其他注意力障碍的学生。

3. 自然教育成为新的"治愈方式"

相对于成年人来说，儿童更要多亲近大自然。 如果儿童在很小的时候没有用足够的时间去体验大自然，那么随着年龄的增长，他们就不会形成适当的免疫功能来保护自我。

■ 饭菜的精华在于余烬的喂养。余烬的好处，在于你的注意力之外，用最耐心的慢熬，成就一锅美味饭菜。人与人之间情谊的精华何尝不是如此获取？面对面的时候，可以海阔天高地畅谈人生。但转过身，会有几个人能把别人的事放在心头？快节奏的情谊，大火爆炒而出，味道浓烈，却后劲欠缺。人与人之间的关系，也要经历余烬，才能熬出味道。所谓日久见人心，余烬的煨养才能用时间与耐心成就一段悠长真挚的情谊。哪怕人走，茶亦不凉，这样的余烬，能令人心温暖、岁月生香。

人和人相处最舒服的状态，就是自然

人我关系

　　道家将人类社会看作一个价值共同体，无论是微小的个体，还是宏大的社会系统，都是由价值平等的主体组成的，需要构筑起一个价值平衡机制，来达到和谐共生的目的。

　　一方面，人是社会历史的存在，人的世界观、人生观、价值观，都要受到一定历史条件的影响，是在具体的历史条件下产生的，这个历史不是具体的过往时间，而是一个抽象的历史范畴，特指人们所处的不同的历史情境。另一方面，人是价值关系的存在，人我关系系统，也即社会关系系统，规定了人的本质，也为人的生存生活创造了条件。我们人格塑造的实践，必须融入社会的大系统中，关注人所处的各种类型的价值关系，并有效地加以协调。

　　人是自然本质的人，又是现实存在的人，是独立个性与社会关系的统一。人的生存以社会关系为基础，依赖于社会提供的各种条件，同时能够能动地反作用于现实社会，在社会中扮演一定的角色，这种关系是相互作用的，相辅相成的，实质统一的。

人与人的和谐之道

　　老子曰："知人者智，自知者明，胜人者有力，自胜者强。"人与人的和谐友爱相处，就应该知道别人的优点，包容别人的缺点。人与人之间要相互尊重，相互理解，相互宽容，就必须谨记"用人者有力，自胜者强"的至理名言，多从自身找原因，多作自我批评，自我检讨。多看别人的优点，多找自身的缺点，做到不恃不傲，这才能保持人际关系的和谐。

　　"和谐"是当今社会建设的主动脉、主旋律。"和"的精神，是一种承认、一种尊重、一种感恩、一种圆融；"和"的内涵，是人心向善、家庭和睦、社会和谐、世界和平；"和"的佳境，是各美其美，美人之美，美美与共，天下和美。在当今世界仍存在着战争灾难、恐怖暴行、生态破坏、环境污染、贫富悬殊、诚信缺乏等不和谐的状况下，挖掘和提倡和谐理念及积极思想，无疑有着非常重要的现实意义。

■ 虚心使人进步，"心虚"使人更进步。打铁必须自身硬，发展才是硬道理。一只站在树上的鸟儿，从来不会害怕树枝断裂，是因为什么？因为它相信的不是树枝，而是自己的翅膀。计划不如变化快，断裂风险无处不在，我们需要做的，就是自己的翅膀要靠谱。

人我和同

　　人我和同的人生境界，起始于人道，升华于包容，统一于和谐。

　　这种境界中的人，不受制于外在压力，也不拘泥于内在意识，从他律的强制，到自律的主动，再到无律的质变，逐步发展，顺应天性，自然实现。人我和同，不矫揉造作，自然而然。道德意识的产生，道德形式的完善，道德行为的实现，都是自然而生，由衷表现，真情流露。人我和同，能够排除外在纷扰，融合道德教化，追求无穷境界。人我和同，善待自然个性，弘扬现实正义，赋予了正能量崭新的含义。

　　这种境界中的人，看淡了纷扰，超越了是非，心无边而行有度，胸无私而天地宽，追求与人为善，达成于己为善。人我和同，能够善待他人，常思己过，不论人非，多一些反观自省，少一些苛求指责，有容人之雅量。

　　人我和同，能够尊重他人，理解人的难处，支持人的选择，不因武断而误解，不因情绪而怨怼，有知人之智慧。人我和同，能够成就他人，解人之忧，排人之难，能够互相激励，谋求携手共进，有爱人之情怀。

　　天道和美，圆融万物，统一于和谐。这种境界中的人，通和谐之奥妙，求天地之大美。人我和同，熟谙辩证思想，万事万物相辅相成，人际交往互利互惠，价值关系共生共荣，和谐运动，对立统一。人我和同，通透人伦社会，之于亲情，是和和美美，其乐融融；之于爱情，是琴瑟相调，相敬相爱；之于友情，是和衷共济，互利共赢。

　　人我和同，追求至真至善，没有随波逐流的消极，也没有无所作为的沉默，而是在求同存异中共生，在相反相成中共融，充满生机，积极向上。如此，天地人和，人生幸福。

■ 庄子说："人能虚己以游世，其孰能害之"。用加法爱人，用减法怨人；用除法恕人，用乘法感恩。人只活这一次，余生很贵，把时间，留给更美好的事上，把感情，留给更值得的人身上。放下别人的错，解脱自己的心。

人和人之间
最舒服的关系

只有彼此坦诚，才能相伴长久。

人和人之间最舒服的关系，是相处随意，不拘束；是心灵互通，无隔阂；是毫无顾忌，无猜疑。

人和人之间最舒服的关系，是不用献媚逢迎，是彼此畅所欲言，是没有任何顾虑。

相处是轻松的，交往是真诚的，联系是自然的，没有目的，不带恶意，心真意诚，彼此包容。两个人在一起，互相欣赏，越走越近，三观相合，越处越深。看重的是对方的人品，和钱财家世无关，和学历背景无关。

两个人在一起，无须刻意的联系，有事各忙各的，没事想聚就聚。需要的时候随叫随到，不担心被拒绝，不害怕会失去。在对方面前不用委曲求全，不用低声下气，用自然的姿态相伴，用平和的语气交谈，彼此惺惺相惜，不弃不离。

真正的朋友，就像手足一样，无拘无束，随意自在。真正的感情，就像家人一样，随心所欲，舒服而行。不用伪装自己，不会遮遮掩掩，在对方面前大胆地做真实的自己，放心的做想做的事情。彼此毫无保留相处，互相放下戒备来往，只有彼此坦诚，才能相伴长久。

■ 人生不如意事常八九，恒念一二之美好。先做应该做的，再做喜欢做的，然后争取把应该做的变成喜欢做的。

人和人之间
最难的是理解

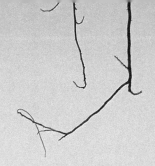

有些人越走越远，有些情说断就断，人与人，每个人都渴望理解，但生活中却存在很多误解。

有时候，疲惫多了，人便冷了；压力重了，情便淡了。抑制不住的脾气，控制不住的委屈，当久不宣泄之时，你身边的人，就成了突破口，其实，那并非你的本意。

有些事明明可以靠拥抱解决，却偏偏要讲理。有些人明明可以多包容一些，却偏偏要指责。多少人的分道扬镳，是因为不够理解。多少人的心生隔阂，是因为不愿沟通。

理解是心与心的懂得和默契，理解是人与人的体谅和共鸣。多一些换位思考，少一些计较纷争。多一些包容原谅，少一些质问怀疑！

■ 改变自己是自救；影响他人是救人。我们要善于通过别人来审视自己的不足与浅见。汲取别人的能量，更好地完善自己，修正自己，点燃心中的那盏灯，照亮到了每一个角落。只有每个人都成为一束光，才能更好地点亮这个世界与未来。

缘

　　人和人，合不合就一个字，"缘"！

　　有缘之人，迟早遇见，和谐长伴；无缘之人，路过擦肩，永不再见。

　　不是每个人，都能成为朋友；不是每个友，都能相伴长久。

　　合不合，就看一个"缘"字；久不久，就看一个"诚"字！有缘相聚，心诚相伴，有缘，永远不会分散；心诚，

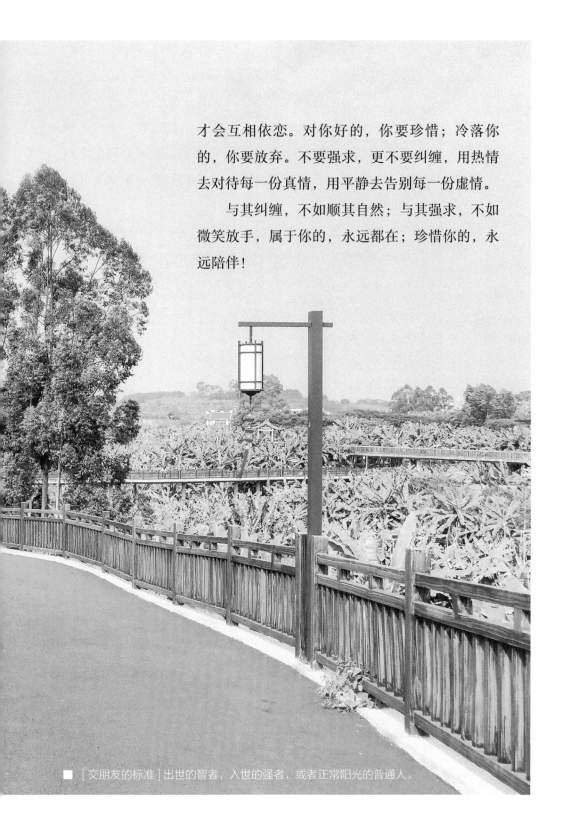

才会互相依恋。对你好的，你要珍惜；冷落你的，你要放弃。不要强求，更不要纠缠，用热情去对待每一份真情，用平静去告别每一份虚情。

与其纠缠，不如顺其自然；与其强求，不如微笑放手，属于你的，永远都在；珍惜你的，永远陪伴！

■ ［交朋友的标准］出世的智者，入世的强者，或者正常阳光的普通人。

端庄厚重

《易经》曰：君子以厚德载物。

"厚"为根本，只有做事稳重，不轻佻冒失的人，才能在遇事的时候保持冷静的头脑，泰然处之。

曾国藩的祖父曾玉屏，从来没有做过官，也没有权利，但是在他的家乡拥有绝对的威望。邻里之间发生纠纷，人们都来找曾玉屏调解，他说话从来"丁是丁，卯是卯"，处事公正，乡邻都心服口服。

那么曾国藩的祖父是如何做到如此有威望呢？

曾国藩说，祖父做事一向端庄厚重，平时的行为举止，都让人觉得可靠，值得倚重。曾国藩受到祖父的影响，继承了这一品质，做事极其稳重，慢条斯理。

有记载称，曾国藩"行步极厚重，言语迟缓，遇事泰然自若"。

他说话很慢，走起路来脚步沉稳，说一句是一句，每一字都有一种打动人心的力量。为官做事，先分轻重缓急，事事妥帖，待人接物庄重得体，领兵打仗更是慎重缜密。因为他厚重的品质，人们都愿意与他交往，有事也愿意询问他的意见。

思想家吕坤说："深沉厚重是第一等资质，磊落豪雄是第二等资质，聪明才辩是第三等资质。"

所以，做事要找靠谱的人，这样才值得托付，聪明的人只适合聊天。与一个沉着冷静、端庄厚重的人为友，既能教会我们为人处世，也能托付大事。

■ 不要急着让生活给予你所有的答案，有时候，你要靠出耐心等等。即使你向空谷喊话，也要等一会儿，才会听见绵长的回音。也就是说，生活总会给你答案的，但不会马上把一切都告诉你，只要你肯等一等，生活的美好，总在你不经意的时候，盛装莅临。

谦卑含容

　　为人谦卑，待人宽容，从做事的角度讲，这样的人必然更容易成功。大凡靠谱，值得深交的人，必然是谦逊低调的，无论他人身份贵贱，都会谦卑对待。一个人是否值得深交，看他对待别人，尤其是弱者时，是否仍能保持谦逊。不分对方身份地位，总能以谦卑涵容的态度待人，才是一个值得信赖深交的人。

　　宽容大度要能容人、容事、容言，在人际交往中，宽容是必不可少的润滑剂。有福不可享尽，有势不可使

尽。凡事宽处着手，给自己也给别人留下余地。

　　曾国藩和左宗棠都是清朝名臣，左宗棠的成功离不开曾国藩的赏识和举荐。

　　因二人都有卓越贡献，并称为"曾左"。左宗棠在政绩上有所建树之后，对此称号颇为不满。在公共场合上说：为什么是"曾左"而不是"左曾"？

　　有一个胆大的侍卫回答道："曾公眼中常有左公，而左公眼里则无曾公。"

　　王阳明在《传习录》中说："惟一"是"惟精"的主意，惟精"是"惟一"的功夫。《尚书》也有言："惟精惟一"，都在告诫我们，这世间所有的成功，都如庖丁解牛一般，需把心思镇定下来，抵抗诱惑，坚持不懈，一心一意地把一件事情做到极致。专注力才是最好的竞争力。

事有归着

所谓事有归着，就是做事情要有着有落，有始有终。

言而有信，善始善终，每事必有归着，才是一个靠谱的人，一个品质高贵的人。不苟不懈，尽就条理，就是"事有归着"。

脚踏实地做事的人，做任何事情都有头有尾、有始有终，既认真于细节，又有持之以恒的态度。

很多人朝三暮四，这山望着那山高，总是不满足于

自己的现有状态，一件事还没做完就忙着奔向另一件事，这样的人很难有所成就。

如何做到事有归着？靠的是两个字——耐烦，关键在一个"耐"字。

一件事情做的时间长了，很容易出现不耐烦的心态，关键在于如何转变自己的心态，做到持之以恒。

熬得住，出众；熬不住，出局；这就是人生。

耐烦是修身的重要方面，也是做事的重要法则。

■ 人有烦恼意味着什么？意味着进步。有烦恼说明眼睛会观察了，头脑会思考了，心里在挑担子了，学会负责任，进入角色，进入状态了。如果没有进入状态，袖手旁观，发生的事情都觉得与己无关，就不会有烦恼。但是，只要突破了烦恼，接下来就是喜悦，做事就娴熟，就能举重若轻，游刃有余，就是在玩字。所以有大烦恼就可能会有大开悟，没有烦恼是不可能开悟的。

■ 不是因为某件事很难，你才不想做；而是因为你不想做，
才让这件事变得很难。

心存济物

与人交往，人品比家境更重要，修养比形象更重要。

古人云：穷则独善其身，达则兼济天下。兼济天下之人是善良之人，亦是君子。

心存济物，就是怀着一颗帮助他人、成就他人的心，是根植于内心深处的修养。与心存济物的人交往，不仅能被熏陶出一颗善良之心，更能活出更高的人生层次，塑造更大的人生格局。

心存济物的人，心里永远想着别人，做事考虑他人，从他人的角度出发思考问题，进而关心社会。

老子说："以其无私，故能成其私"，只有懂得给予的人，才能获得，所谓有舍才有得。

格局有多大，天地就有多大；能够帮助别人多少，获得的回报就有多少。

与人交往，人品比家境更重要，修养比形象更重要。朋友再多，也要择其善者而从之。

人生旅途，总要有人同行。相交一个益友，不仅相互扶持，更能丰富自己的品性与德行。

世事无常莫懈怠

听过这样一个故事：一位女士骨折去医院，遇到了一位相当聊得来的医生张主任，治疗期间他们成了很好的朋友。

张主任告诉她，腿里埋了钉子，一年后要来取出来。她忙于工作没有按时去，张主任几次提醒，她都想着：还有时间，还有机会。

没想到张主任在一次治疗中因公殉职了，她这一拖，竟成了与朋友的永别。人生最大的错觉啊，就是误以为来日方长，最后才惊觉世事无常。

其实，哪有那么多来日方长呢，很多事现在不做以后真的没机会了。人最应该拥有的，就是对时间的敬畏感。

多花点时间陪陪身边的人，陪父母说话，陪爱人吃饭，陪孩子成长。时间，千万不要舍不得花在重要的人身上。当然，也要照顾好自己的身体。

老师不能替学生做事，他的责任是教人做人；学生不应该专读书，他的责任是学习人生之道。

洞察力

　　当一个人在游泳池里游泳时，能让你浮起来的不是皮肤接触到的那一层水，而是皮肤接触不到的所有水。这是对现象的洞察。

　　比喻是一种常见的修辞手法，但其背后却是人对本体与喻体两者之间相似点最本质的洞察。

　　真正的高手，都是洞察力极强的人

　　《教父》里有句话影响了很多人——"花半秒钟就看透事物本质的人，和花一辈子都看不清事物本质的人，注定是截然不同的命运。"

　　通俗地讲，洞察力就是透过现象看本质；而用弗洛伊德的话来讲，洞察力就是变无意识为有意识。

　　就这层意义而言，洞察力就是开"心眼"。就是学会用心理学的原理和视角来归纳总结人的行为表现。 最简单就是做到察言，观色。

　　洞察力，让你看到别人看不到的东西。

■ 先生的责任不只在教，而在教学，教学生学；好先生，不是教书，而是教学生学，不仅教学生学会，更重要的是教学生"会学"。

思维的层次

李嘉诚说："世界上最浪费时间的事就是给年轻人讲经验，讲一万句不如他自己摔一跤。"读万卷书，行万里路是具备洞察力的良好基础。

生活中，大部分人都是在用第一层思维在思考问题。

研究表明，很多人在分析问题时，并不是为了找到真相，而只是为了给自己一个满意的答案。而只有当你不满足于这个满意的答案时，多问一个"为什么"，你就具备了"第二层思维"。如果你总能用与众不同的第二层思维去思考，就会更接近真相，从而在人群中脱颖而出。

不过，通过第二层思维思考问题，并不一定每次都正确。此时，你必须想办法检验你看到的那个"本质"是否正确。所以，我们不仅要对过往的经历和思考的点滴进行抽丝剥茧的提炼和总结，还要将新的理论应用在更多的生活场景中，并让它经受检验。

在任何领域，形成认知的过程几乎都逃不出"归纳+总结"的套路。归纳：观察现象，提出问题，通过第二层思维思考，得出结论；演绎：从结论出发，提出一系列的预测，通过搜集经验、事实和证据来验证理论的正确性。

一个人，就是在一次次的"归纳和演绎"中由点

到线，由线到面，洞察本质，不断成长。一眼就洞穿事物本质的人，能够抢得先机。在别人还在苦苦思索，不得其解的时候，他们已经在分析和解决问题。久而久之，便成了真正高手。

■ 教师的成功是创造出值得自己崇拜的人。先生之乐，莫过于此，一是创造比值得自己崇拜的人。

放下别人的错
解脱自己的心

人非圣贤，孰能无过。

每个人都有可能犯错，彼此之间的伤害很难避免。

凡事看淡一些，不要满怀愤怒，怨气冲天。

生气，就是拿别人的过错来惩罚自己。

心中装着怨恨，也就失去了阳光与温暖。

原谅别人，是放过自己，放下别人的错，就是解脱自己的心。

人心惟危，道心惟微，惟精惟一，允执厥中。这是中国传统文化中非常著名的"十六字心传"。

放宽心 少计较
少生气

　　苏轼被贬到黄州，晚上他一个人去城里喝酒解闷。路上遇到一个醉汉，醉醺醺地撞倒了他。这个人也不道歉，反而骂骂咧咧地离开了。

　　苏轼从地上起来，拍拍衣服，竟然没发火。他说："自喜渐不为人识。"

　　苏轼也喝了不少酒，等回到家的时候，已经半夜了。"家童鼻息已雷鸣，敲门都不应"。家童就这样把主人关在外面，苏轼也不恼怒，跑去江边吹风。

庄子说：人能虚己以游世，其孰能害之。

一个人要是不把自己当回事，那就没有人能让他愤怒，让他生气。一个人的自尊太强、自我意识太强，别人稍微冒犯，他就立马反弹回去。把事情看得淡一些，把自己看得轻一点，生气自然就少了。

人活一世，短短几十年，没必要为了小事大发脾气，气大伤身，话多伤人，不如看淡看开，解脱自己的心，心平气和度过每一天。

法国作家普鲁斯特说："真正的发现之旅不是找到新的风景，而是找到你看风景的新的角度。"

学会和解 接受现实

世界上有三件事：自己的事，别人的事，老天的事。

每个人能做的就是做好自己的事。然而，很多人总是纠结于别人的事，甚至老天的事，总是在感慨为什么老天那么不公平。坦白地说，这些痛苦都来自自己。

著名的作家张德芬，早年生活并不顺遂。

她把不幸的原因推在父母的身上，觉得他们从小干涉自己的感情生活；觉得自己运气不好，遇人不淑；怪丈夫不懂地体谅自己，不够爱自己。

这些想法，让张德芬很痛苦，越是把这些原因推给别人，她所陷入的痛苦就越大。直到她辞去工作，潜心做身心灵修养，才慢慢地开心起来。

她花了七年的时间研究关于身心灵修养的书籍，写出了她人生中的第一本畅销书《遇见未知的自己》。她找到了不一样的自己，学会臣服于那些自己无法改变的现实，懂得与过去和解。张德芬开始关注自己的内心世界，从改变自己做起，她发现外面的世界没有别人，只有自己，一切皆因自己而起。

身心灵的修炼，让张德芬变得越来越年轻、越来越活泼。

快乐的人总会更幸运，这种幸运来自表里如一的得体，身体和心灵的和谐会让一个人闪闪发光，这就是做自己的魅力所在。

■ 我们的内心世界不树立戒定慧，必定会被贪嗔痴占领。心灵的空间
不填满正知正见，必定会被邪知邪见占领。只有内在的力量可以随
时出去，外在的力量可以随时进来，才可以改变自己。

■ [今心为念] 念源自于道，有时悟道后，一念之差，有可能是两种人生。即一念之差，两种命运。人因为存乎一心，对事有关注，所以才有念。今心为念，今天换种心态看待问题，你将迎来新的转机。

和正确的人在一起

在现实生活中，和谁在一起很重要，甚至能改变你的成长轨迹，决定你的人生成败。

和勤奋的人在一起，你不会懒惰；和积极的人在一起，你不会消沉；与智者同行，你会不同凡响；与高人为伍，你能登上巅峰。

科学家认为："人是唯一能接受暗示的动物。"积极的暗示，会对人的情绪和生理状态产生良好影响，激发人的内在潜能，发挥人的超常水平，使人进取，催人奋进。

远离消极的人吧！否则，他们会在不知不觉中偷走你的梦想，使你渐渐颓废，变得平庸。

重要的是和谁在一起

有句话说得好，你是谁并不重要，重要的是和谁在一起。古有"孟母三迁"，足以说明和谁在一起的确很重要。雄鹰在鸡窝里长大，就会失去飞翔的本领，怎能搏击长空，翱翔蓝天；野狼在羊群里成长，也会"爱上羊"而丧失狼性，怎能叱咤风云，驰骋大地。

读好书、交高人乃人生两大幸事。一个人身价的高低，是由他周围的朋友决定的。朋友越优秀，意味着他的价值越高，对朋友事业帮助越大。朋友是一生不可或缺的宝贵财富。因为朋友的相助和激励，才会战无不胜，一往无前。

人生的奥妙之处就在与人相处，携手同行。生活的美好之处则在于送人玫瑰，手留余香。

人生就是这样。想和聪明的人在一起，你就得聪明；想和优秀的人在一起，你就得优秀。

和不一样的人在一起，就会有不一样的人生。爱情如此，婚姻也如此；家庭如此，事业也如此。

■ 人生，是不能放弃的，是不断的自我成长。人生最宝贵的，不是豪车洋房，而是丰富的人生体验。在人生的马拉松中，只要永远保持初心，不断奔跑，就永远不会失去希望。只要你仍然在奔跑，你所经历的一切，幸福也好，痛苦也罢，都将成为你生命的一部分，成为你的力量来源。只要你有足够的坚强、足够的渴望、足够的耐力，老天爷就会在那种全是墙的地方给你开一扇门。

利益是一面镜子

一个人值不值得交往，看他吃亏时的模样。

利益是一面镜子，透过它，可以看透一个人的内心世界。

也许你会问，谁都没有天生的火眼金睛，怎样才能看清一个人的品质呢？

看一个人，不是听他怎么说，而是要看他怎么做。

有位前辈曾说，看一个人的胸怀和人品，就看他和大家在一起时的表现。

一个人值不值得交往，就看他吃亏时的样子。

时间如波浪，大浪淘金，最后留在身边的一定是珍贵的。

人生宝贵，不能浪费，要把时间留给最值得的人。

■ 机会是指未来可能出现的、能够让人产生强烈动机的某种有利情形。一旦有利情形出现，机会就会成为现实，机会就成了事实上的机遇。由此可见，机遇是机会发展到一定阶段的产物。虽然机会和机遇无所不在，但并不是每个人都能抓住。世界上只有少数人能够预见未来，并提前布局，当机会发展为机遇时，机遇正好与能力相遇，成就事业是必然的，淘到第一桶金的往往是这一类人。

以和为贵

人生处世"以和为贵"，适可而止。"礼之用，和为贵"。适可而止，不走极端，不为己甚。这样，便可以保持比较"和谐"的人际关系。

人生处事不蛮干，顺其自然，因势利导。道家的处世哲学强调"因顺自然"，不可任意妄为。《老子》说："天之道，不争而善胜，不言而善应，不召而自来。""圣人处无为之事，行不言之教。""不自伐，故有功；不自矜，故长。夫唯不争，故天下莫能与之争。"这里讲的虽然是对帝王的要求，但是这之中包含的人生哲理，则是具有普遍意义的。上面所说的"不争""不言""无为"，并非真的"不争""不言""无为"，而是不乱争，不胡言、不先言，不乱为，这就是因循自然，不可妄为。

■ 生命在于运动，朋友在于走动，关系在于活动，友谊在于互动，真情令人感动，平时不要懒得不动，关系再好，也要及时沟通。快乐动起来，幸福乐开怀！

防患于未然

　　人生处事要善于"见微知著""防患于未然"。"履霜，坚冰至"揭示了一个重要思想：看问题，处理问题，思想不能僵化、凝固，当你"履霜"的时候，要想到它会在气温继续下降的条件下，变成"坚冰"的。《周易·系辞》进一步发挥了上述思想说："善不积，不足以成名；恶不积，不足以灭身。"用这个人生哲理去批评那些"小

人"的心理与行为，借以警世和指导人生。

人生处事要看到祸福的转化，经常保持清醒的头脑。中国文化长于悟性辩证思维，古者圣贤对于人生的吉凶祸福，社会的安危治乱，常有比较透彻地观察与分析，成为指导人生宝贵的至理名言，是中国传统人生哲理颇有价值的精神财富。《老子》云："祸兮，福之所倚；福兮，祸之所伏。……正复为奇，善复为妖。人之谜，其日固久。"乾卦爻辞上九一条云："亢龙有悔"。"龙"，物象，中国是"龙"文化国家，以"龙"比喻为吉祥，亦喻天之阳气。"亢"为高亢，阳极于上，动必有悔。以"亢龙"比喻处高危之地位。"悔"有返意。"亢龙有悔"一语警喻人生处高位极点必有灾祸，即物极必反之意。人生顺利向上时，应有节制、约束自己的理性，以防物极必反之祸害。清代扬州八怪之一郑板桥深得中国传统人生哲理真精神，用"难得糊涂""吃亏是福"概括了他的人生哲学，对人极有启发。他在解释"难得糊涂"时说："聪明难，糊涂难，由聪明而转入糊涂更难。放一著，退一步，当下心安非图后来福报也。"他在解释"吃亏是福"时又说，满者损之机，亏者盈之渐。损于己则益于彼，外得人情之平，内得我心之安，既平且安，福即在是矣。这些脍炙人口、极有厚度的人生哲理精华，既可启发人的智慧，安排实现自我人生价值的合理途径，又可使人经常保持清醒头脑，保持自己的节操，而不忘乎所以。

■ 不忘初心，方得始终；不忘亲情，才知来去；不忘恩情，饮水思源。不争短长，不争是非，不争风头，不可露尽。

■ 透过孩子的眼睛去看自己曾经拥有过，被岁月磨平了的独特的世界。"在孩子的眼睛里，天空永远是蔚蓝色的；秋天里有着无数的奥秘，永远是金黄色的；霜后的树叶卷起来像一串串的铃铛，在风中摇曳；透过树林的阳光永远像琴弦……"此刻秋天会告诉我们一个非常简简单单的生存道理：活着必须，身是浮木，心有沉香。

谦恭有礼

　　儒家和道家都特别注重人的自我调控、自我修养、处处以谦恭待人，不为人先，留有余地。孔子非常谦恭好学，"子入太庙，每事问"。他还经常教导弟子们："知之为知之，不知为不知，是知也。"有一次弟子子张请教如何做才能得到好的俸禄。孔子回答说："多闻阙（同缺义）疑，慎言其余，则寡尤；多见阙殆（同疑义），慎行其余，则寡悔。言寡尤，行寡悔，禄在其中矣。"（《为政篇》）这里讲的"阙疑""慎言""慎行"等，都能给人留有进退迂回的余地，使人少犯错误，不犯大错误。

　　道家在这方面更为深沉、持重，"善为士者不武，善战者不怒，善胜敌者不与，善用人者为之下。是谓不争之德，是谓用人之力，是谓配天古之极。""兵强则灭，木强则折。坚强处下，柔弱处上。"由此，又引发出"损有余而补不足"的道理。"天之道，其犹张弓欤？高者抑之，下者举之，有余者损之，不足者补之。……是以对人为而不恃，功成而不处，其不欲见贤。""我有三宝，持而保之：一曰慈，二曰俭，三曰不敢为天下先。"接着他又解释说："慈，故能勇；俭，故能广；不敢为天下先，故能成器长。"

■ 好项目需要更多同频的人一起托起，包括资金、资源、人才，我们今天所拥有的结果，是我
  们认知的变现，今天如果我们还缺什么，也是认知的缺乏，一个人赚不到认知之外的价值，
  认识一个人，有可能就打开认知的边界，如果有机会与高人同行，将是我们的福报，学习将
  是一个人终身不变的事……

良心

　　良心，是为人处世的底线，更是与人交往的标准。

　　走在纷繁浮华的人世间，我们总会遇到一些诱惑。比如：金钱、名利，而有些不过是蝇头小利。如果因为这些，把做人的本心丢了，就相当于把自己推向火坑。

　　一个人要是会因为一点小便宜欺骗别人，改天遇到更大的利益，便什么都能出卖。久而久之，这样的人没人敢相信，更没人会靠近，人生之路也会越走越窄。

　　先哲孟子曾说："仰不愧于天，俯不怍于地。"这句话就是在告诫我们，做人要光明磊落，坦坦荡荡。无愧于天地，更要无愧于自己。

　　行走于人世间，我们可以什么都没有，但是一定要有良心。

人有善念　天必佑之

年轻的时候，我们总是崇拜聪明人。

但当你经历得多了，你会发现，善良其实比聪明更难。因为聪明是一种天赋，但善良却是一种选择。

之前听过这样一个寓言故事——

一位老人对孙子说，每个人身体里都有两只狼，他们残酷地互相搏杀。一只狼代表愤怒、嫉妒、骄傲、害怕和耻辱；另一只代表温柔、善良、感恩、希望、微笑和爱。

小男孩着急地问："爷爷，哪只狼更厉害？"

老人回答："你喂食的那一只。"

其实善良跟恶意一样，拥有巨大的力量。

关键是我们心绪沉浮的瞬间，选择了哪一个。而你最终选择的那条路就藏着你的未来人生。

佛家说："爱出者爱返，福来者福往。"

善良是我们人性之中最柔软最美好的品质，也是我们走向世界的盔甲。当你向世界播撒良善时，世界也会回你几分温柔。

余生漫漫，愿你历尽沧桑，依旧能永怀善意，清澈明朗。

■ "利他"就是，成全别人，让他人得好处。如果你事事处处为他人着想，为别人造福，最后最受益的人，就是自己。利他不是牺牲自己或者忽视自己，利他是经由生命的关系，付出与收获的能量循环，建立自身更大的价值。利他定律中提高自我价值和提高他人价值往往是同时发生的，当你在提高别人价值的时候，你的自我价值也在提高。

学会原谅
释然自己

人这一生，我们总会遇到形形色色的人，千奇百怪的事。

并不是所有的事情，都会顺如人意。但不论你遭遇怎样的不公与困苦，都记得笑着原谅。

有些人会觉得，你做了对不起我的事，那么我永远不会原谅你，让你的心里永远背上一道沉重的枷锁。可当我们在怨恨别人的时候，自己心里也好不到哪儿去。

生活本来就很难了，又何必死守着长满藤刺的往事不放手呢？

人常说，大智者必谦和，大善者必宽容。有时候放过别人，就是在放过自己。因为如果事事计较，只会给自己生活平添疲惫与苦恼。

从今往后，记得用一颗宽容大度的心去看待荣辱得失。

毕竟，生别人的气，伤的是自己的身体。

■ 有江湖的地方就有爱恨情仇，而爱恨情仇所组成的大千世界构成了"红尘"。无论红尘如何转变，人生需要不断地往前走，但是也要时常回头看看走过的路，因为只有回顾历史才能更好的创造未来。但也不要沉浸在往事之中，我们需要在过去的经历中，沉淀属于我们自己的思想。然后把这些沉淀出来的智慧变成前进的动力，让自己充满正能量，带着勇气去迎接未来的挑战。

别把坏情绪留给爱你的人

　　我们总是习惯把好脾气留给外人，把坏情绪留给最亲近的人，殊不知坏情绪是会传染的。

　　相信很多人都听过"踢猫效应"——

　　老板批评了员工一顿，员工窝着火，回家的时候看到孩子正调皮，就给了他一顿臭骂。而孩子被骂之后心里也很憋屈，就狠狠地踢了猫一脚。

　　被踢的猫冲到了街上，恰好遇到一辆车。司机为了避让，不偏不倚地撞到了马路边的孩子。

　　这个故事是说，在坏情绪的链条上，我们每个人都是受害者。

　　而且你永远都不知道自己一时气愤下的话，会给自己，给身边人造成多么不可弥补的遗憾。

　　胡适说："世界最可恶的事，莫过于一张生气的脸。"

　　往后的日子，对父母、对爱人、对孩子，请多一点耐心，不要因为对方的不会计较而去肆无忌惮。

　　毕竟他们是因为爱你才愿意包容你的脾气。

■ 一件简单的事，做起来不难，可以日复一日，成为每一天的例行公事。每天做，却不觉得厌倦、烦琐；每一天做，都有新的领悟；每一天都欢喜去做：这会不会就是修行的本质。修行的路上，不在乎走的慢与快，而在于内心的安和定。正如人生中，你躺着，云也躺着，水潺潺缓缓，好像反复问，过路的行人，走那么快要去哪里？

对人生的顶层设计

　　人的一生，跌宕起伏，有人"草根"逆袭，也有人一事无成。曾经站在同一起跑线上的人，看起来都很努力，但几年后的差距却在成倍放大。

　　因为决定人生基本走向的，是在人生路口上那几个关键的选择，而这些选择，决定了你未来几年甚至十几年的人生结构就已经被确定了。

　　所以，比勤奋和努力更重要的，是你对人生的顶层设计能力。

　　阿基米德说，给我一个支点，我能撬动地球。金融里有一个词，叫"结构化"，结构化的本质是杠杆，杠杆是金融的精髓所在。管理的本质，其实也是杠杆。

　　你很强很厉害，但你一天也只有 24 小时。

　　但是你撬动了手下四个 VP 的 24 小时；VP 们又各自撬动总监们的 24 小时……逐级负责，层次分明，由根而生干生枝生叶。庞大的企业机器轰隆隆地运转了起来。

　　好的管理者要搭建结构，建立秩序，让机器轰隆隆地运转下去。哪里运转不畅，过去上点润滑油、修理一下就好了。

　　努力决定了细节，顶层设计决定了大局。

■ [管理"六和敬"（六和合）]1、见和同解。思想一致，见解相同，具有共同的信仰，信念和愿景，这是维系团体生命的根本。2、戒和同行。共同遵守一种戒律，即行为规范、道德观念一致。3、利和同均。有利同享，分配公平合理。4、意和同悦。大家情投意合，和乐融融，即团队精神。5、身和同住。各自以和乐为怀，尊重他人，欢喜相处于同一团队里。6、语和无净。出言和逊，互相欢喜，不争吵斗嘴，不说不利于团结的话。

鸟笼效应

心理学家詹姆斯和物理学家卡尔森是一对好朋友。有一天，詹姆斯对卡尔森说，"我会让你不久就养上一只鸟。"卡尔森听了，当时不以为意。

没过几天，詹姆斯就把一个漂亮精致的鸟笼当作礼物送给卡尔森。然后，卡尔森就发现了一件特别奇怪的事，只要有朋友到他家里来做客，看见了鸟笼，都会问他鸟到哪去了。

刚开始，卡尔森只是一遍又一遍地向朋友解释，自己从来不养鸟，这个鸟笼只是别人送来的礼物。但是，效果并不大，依然有朋友不断地问相同的问题，这让他

不胜其烦。终于有一天，卡尔森到商店买了一只鸟放进鸟笼里。

"鸟笼效应"就是指人们在偶然获得的一件自己原本不太需要的物品，为了避免浪费或者其他原因，就会自觉不自觉地继续添加更多自己不需要的东西。

"鸟笼效应"所产生的心理暗示可以影响我们的行为。我们可以利用这一点来帮助自己养成好习惯。例如，看书时，打开的书比闭合的书更有让你看的欲望，因为你可能会有种想法，书已经打开了，不如看看吧。

■ 建立声誉需要二十年，毁掉它只需要五分钟。如果考虑到这一点，你行事就会不一样。

查尔斯·吉德林说："发现问题往往比解决问题更加重要，把问题清楚地写下来，就已经解决一半。"

在美国有个著名的"一条线一万美元"的故事。有一天，斯坦门茨被福特公司请去维修一台电机。因为电机损坏，整条汽车生产线停止，公司派了很多工程师都无能为力。斯坦门茨不紧不慢的观察电机，上上下下摸索了许久。然后在一个位置上画了一条线说："这里少了一圈线圈。"重新更换好线圈后，电机果然恢复运转。

经理很高兴问他需要多少维修费，斯坦门茨回答：1 万美元。一百多年前，福特顶尖的工程师每个月工资才 5 美元。见经理面露难色，他转身写下一张账单：画一条线，1 美元；知道在哪画线，9999 元。

后来，总裁福特先生不仅同意支付费用，还高薪聘请了斯坦门茨。其实，每个工程师都知道电机需要 20 圈线圈，但只有斯坦门茨知道那里少了一圈。

很多时候，我们看到别人轻而易举地解决问题，你说其实我也可以。可是为什么那个风光无限的人不是你呢？

爱因斯坦给出了答案："因为解决问题不过是数学或实验的技巧罢了，发现问题才更具有实质意义。"

我们常常一遇到问题忙得团团转，却舍不得拿出一刻钟静静地思考。

真正厉害的人，不是最先行动的人，而是最快发现问题的人。

■ 以感恩的心面对世界，以包容的心和谐自他，
以分享的心回报社会，以结缘的心成就事业。

福克兰定律

法国管理学家福克兰说："当你不知道如何行动时，最好的行动就是按兵不动，最好的决策就是不要决策。"因为你不清楚到底是机会还是陷阱。

1973 年，一场经济危机席卷全球，消费低迷。当时很多领带品牌减少生产，降低售价。

很多人猜测金利来也会加入当中，然而却迟迟不见动静正当大家躁动不安的时候，金利来创始人曾宪梓宣布不做任何改变。

这段时间，他一直在静静地观察。他发现市场上的领带为了控制成本质量缩水，花色减少后柜台展位也缩减。

于是，他就趁机低价租用柜台，同时储备更加齐全的花色设计。等到经济回升，金利来迅速在市场占领了优势。

斯克利维斯说："耐心等待，风车从不跑去找风。"

人生就如同风车，风便是运势。聪明人的思维，运势不如运时。运势有顺有逆，而我们要做的，就是逆风来临时，稳住阵脚，等风来。

■ [做最坏的打算，抱最好的希望] 人的一辈子会遇到许许多多的困难，你永远不知道哪一次是最大的考验。你能做的就是做好最坏的打算，然后积极地准备应对策略。人在困境中，至少要学会两件事：第一，再等一等，也许就会柳暗花明；第二，在等待的过程中，绝不要放弃成长。正如宫崎骏在《龙猫》里曾说："努力过后，才知道许多事情，坚持坚持，就过来了。"

首因效应

首因效应也叫第一印象效应。

如果一个人在最初的交际中给人留下了良好的印象，那么人们就愿意和他接触，这种第一印象留下的好感也会对以后的交往产生积极的影响。

虽然这个效应人人皆知，甚至到了老生常谈的地步，但这其中确实蕴含着丰富的心理学规律。因为我们都习惯对看见的人与事进行归类和整理，

简单来说，就是"贴标签"。

当我们接受到来自外部的信息，就会在头脑中形成一个认知的框架，后来接收的信息就被整合到框架上，一旦定型就很难改变。

首因效应在人们的交往中起着非常微妙的作用，只要能准确地把握它，定能给自己的事业开创良好的人际关系氛围。

■ 一个普通的凡夫，他没什么好安自己的心，所以就特别好面子。而成功的人一般不好面子，因为他们的面子被伤过很多次，丢了很多次，他们学会了受苦，已经忘记了面子，他们在意的只是事情，不会为了面子而活着；只有没有成功的人，面子没被伤过的人，才那么爱面子；那么放不下面子，因为我们内在没什么东西可以维护，唯一能维护的只有面子，就像有钱人从不担人说他穷，穷人最怕人说他穷一样。

费斯诺定理

费斯诺说，人有两只耳朵却只有一张嘴巴，这意味着人应该多听少讲。

曾经有个小国进贡唐玄宗三个金人，外表和重量均是一样，但是有一座最珍贵。那么到底哪个金人最珍贵呢？

很多大臣都束手无策，有一个老臣站了出来，他将一根丝线分别从三个金人耳朵放入。

第一座金人从另一只耳朵出来；第二座金人从嘴里出来；只有第三座金人，丝线掉进了肚子里。

老臣说，最珍贵的是这第三座。其实，这三座金人对应世间的三种人。

第一种人，左耳进，右耳出，这样的人根本不懂倾听；

第二种人，听到的不经思考就说出了，多说无益；

第三种，既懂得倾听，又懂得慎言，做到心知肚明。

水深不语，人稳不言。

■ 减少蜗居时间，亲近大自然。大自然永远神秘而美丽，多出去走走，你会发现不一样的东西。山河之下，动静之间，照见自己。

身段和面子

　　人常常如此，越是年轻，越是一无所有的时候，就往往越执着于身段和面子。以为只要死不认错就能保护脆弱的自尊，以为低个头道个歉就是对自己人格的贬低，只有处处要强，才能显得有志气。

　　有一句话这样说，成功的三要素：一是坚持，二是放下身段，三是坚持放下身段。

　　坚持每一天都让自己的手段更硬，方法更多，但也学会将身段放的很低，变得更加谦卑和柔软。这本是成长最快的两只互补的车轮，可很多人却把它们完全对立起来，认为只有端起架子，做足面子才能证明自己的优秀。

　　这样的人往往起步很好，但随着年龄渐长，自我意识日复一复膨胀，而自我能力却因为闭门造车而止步不前，逐渐被自负裹挟，与现实脱轨，成为一个既狭隘，又偏激的面子至上者。

　　人天性自恋，练习把身段放低，是一场艰苦的修行。

　　上善若水，水利万物而不争。

　　一个人想要做出成绩，只靠单打独斗是不够的，必须要放低身段，才能获得他人的助力以成就自己的抱负。

■ 命运不会辜负每一个用力奔跑的人，暴风雨的终点，总是晴天。历经千帆，命运总会让你如愿以偿。人生路上，总有一些夜晚，你要一个人度过；总有一些艰难，你要一个挨过。但心中有光，何惧路长？无论身处何处，吾心安处，便是星辰大海，鸟语花香。

懂得感恩

在茫茫人海中相遇相知相守，无论谁都不会一帆风顺，只有一颗舍得付出、懂得感恩的心，才能拥有一生的爱和幸福。

懂得感恩的人，更容易与幸福相遇。

因为他们能看得见他人的好，也能体谅别人的不易。他们能感知爱，也会给予爱。

而不懂感恩的人，心里就像住着一颗无底黑洞，充斥着无尽怨气与戾气。

佛家有云："心生，则种种法生；心灭，则种种法灭。"

生活会走向何处，其实很大程度上取决于我们持有一颗怎样的心。

生活一场，常怀一颗感恩之心，去善待我们正在经历的生命，你会发现生活处处鸟语花香。

■ 大道至简、大象无形是中国传统哲学的最高境界。将复杂的事简单化；简单化的事模式化；模式化的事系统化，这时你将跳出人间各种琐事。

欢喜与融和

星云大师认为，世界上没有比"欢喜"更宝贵的东西了！你有钱，不欢喜，就无法受用；你拥有庞大的事业，很多的眷属，不欢喜，那些事业、眷属，都变得没有意义价值。欢喜也不是仅仅一个人欢喜，是要大家共同欢喜，才有真正的欢喜。这个大家共同欢喜，就是"融和"的意思。

融和的含义有下列四点。

第一，融和是一种容人的雅量。要融和，就要学习包容别人，双方合作，才能变成彼此的力量。倘若处处排拒他人，令人敬而远之，保持距离，最后只会到处孤立无援。所以要能彼此尊重，容许异己的存在。融和异己，彼此间才能汇聚友善的力量；士农工商，彼此融和，才能创造安和乐利的社会。

第二，融和是一种平等的对待。融和，不是我大你小、我多你少、我有你无、我尊你卑。融和，完全是一种平等对待。要保持平等的心念，才能做到真正的融和。

第三，融和是一种尊重的言行。尊重，是人际关系中相当重要的一环。尊重别人的见解、尊重别人的思想、尊重别人的人格，尤其在言行上，更要尊重别人。当他受到尊重时，他也会尊重别人。只要是善意的、正当的见解言行，我们都要尊重，才称得上真正的融和。

第四，融和是一种相处的艺术。人与人相处，如果懂得融和的艺术，就不会觉得和人格格不入，自然拥有和谐的生活，也就不会耗费心力，处理恼人的无谓纷争。因此，融和是保持人际关系最高的艺术。

■ 人生没有完美。对待存在的缺陷，做不到的事情，不要太强求，对方为了别人，也是为了自己，做不来的事情，不要太勉强，换个思路，也许是会产生效果，求不来的东西，不要硬求，即使是勉强得到，也会失去。

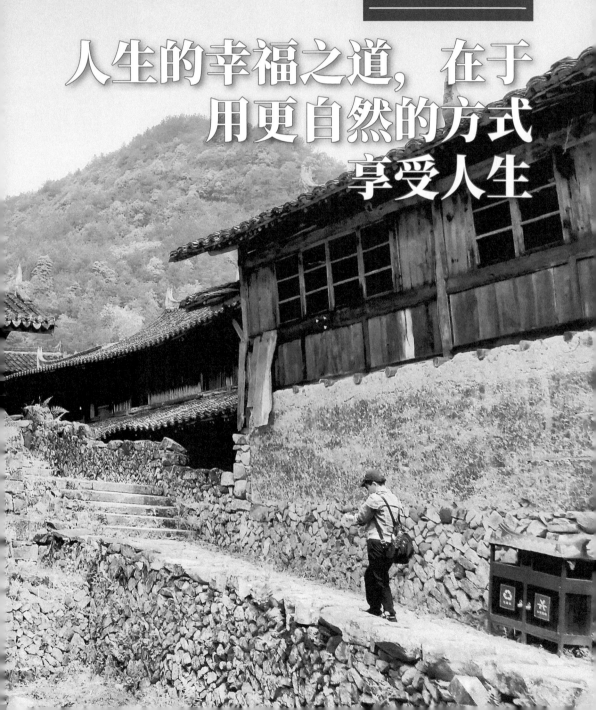

下篇　身心

人生的幸福之道，在于
用更自然的方式
享受人生

人自身的和谐之道

　　每个人都是构成社会的一分子，都是构建和谐社会的关键因素，当今社会科技发达，社会经济高速发展，人们的物质财富越来越殷实，而精神财富却越来越贫乏。在物欲横流的现实生活中，人们如何去面对、去适应，而这个面对与适应，就是一个找到"真我"的过程，也是一个战胜自我的过程。人自身的和谐，关键在于理解与认识"负阴抱阳，冲气以为和"的原则。这个"和"，就是一个心态的平衡，就是不受外界物欲所驱逐，达到一个清静恬淡、无为不争、心灵安宁的境界。正如《道德经》云："五色令人目盲，五音令人耳聋，五味令人口爽，驰骋畋猎令人心发狂，难得之货令人行妨"。

■ 任何人的成功，是他自身努力的结果，是贵人提拔的结果，更是天赐机缘的结果。自身不努力，天上不会掉下馅饼；贵人不提携，有馅饼也轮不到你；天时不相助，即使吃到馅饼又有何用？一个人的成功，别以为自己了不起；如果没有贵人提携，你拼命努力只是枉费心机；如果没有天赐机缘，贵人与你只会擦肩而过。

　　和谐人格，能够源于自然，感应自然，实现自然旨趣与人文精神的统一。从自然旨趣到人文精神，这是一种灵性的传递，又是一种情感的共鸣。人们能够在自然的孕育中，感受万物的恩泽，获取生存的条件，涵养多彩的生命，同时，人们也能够认同和谐价值，协调万物的秩序，维护绿色的生态，回馈身边的自然，进而，人们能够自觉地履行规律，节约资源，环境友好，追求健康的生活方式，形成生态文明新风尚；和谐人格，能够热爱自然，融于自然，实现自然和美与人性超越的统一。

　　道法自然，万有和谐，天人合一，是和谐人格在生态层次的实现。人们仰望星空，凝视自然，化育万物。人与自然，不再是互为条件，相互运用的依存体，而是同质同体，共生共荣的统一体。

■ 人的行为有三个动力系统，一是追求快乐，二是逃避痛苦，三是寻求意义。一和二是人与动物共有的，只有三是人独有的，找不到意义人就会无聊，继而抑郁。如果有幸找到你愿意一辈子为之付出的事，那就用心去做。做事情一定要看最后的效果，而不是结果。用努力改变你能改变的，用心胸接受你不能改变的。尊重规律，不违天道。

■ 世界上所有的事情可以分为三件：你的、他的、老天的。积极的心态是管好自己的，不干涉他人的，不操心老天的；消极的心态是管不好自己的，干涉他人的，操心老天的。

性命关系，即人格层面的身心关系，一方面，命是性的源泉，性产生于命，决定于命，由命所制约；另一方面，性又对命具有反作用，通过意识形态的主导，来支配物质形态的各种活动。

性命关系论拓展到人格塑造领域，就表现为"知、情、意、行"和谐统一的过程。"知"是指人立足主观的生命条件，通过各种有效的媒介，对客观规律的认知和把握，以及在此基础上形成的自我辨识能力。"知"是道德形成的内在依据，表现为良好的主观认识，正确的价值观念，以及和谐的人格模式。"情"是人的感性因素，表现为情绪、情感、情商，是在人们的需要动机下产生的，在现实的价值判断中发展的，一种发自内心的体验。"情"源自主观的道德感受，又通过潜在的激励机制，化生出特有的人格形式，指向于客观的物质实践。"意"则更多是一种理性因素，指的是人的理想、意志、信念，是一个由浅入深，由内而外的心理发展过程。"意"以"知"为指导，以"情"为动力，通过智力权衡，保持自觉努力，来支配合乎主观愿望的行为。"行"即人格外在的表现形式，是人们对自身、对社会、对自然做出的实际行动。

良好的"知""情""意""行"，是和谐人格模式的基本要素，也是道家性命关系理论在人格塑造领域的转化。我们应当立足教育，规范自身观念，协调中间环节，完善培养过程，追求人的身心和谐，为和谐人格的塑造打下基础。

人道生成

　　道家赋予"道"自然本源的性质，又以"无为"作为本质规定，渗透进人们的生存活动，并影响着人们生活的意义世界，蕴含了可贵的人文价值关怀。道家的"人道"转化，是围绕着现实人生这一核心问题展开的。一方面，道家揭示了人的本质问题，否定了"道德形上"的人学理念，突破了人伦宗法的界限，明确将"自然"看作人生存在的终极根源，并通过这一终极根源推求人本源真性的原初世界，使"人之生命存在，成真实之存在，以立人极之哲学"，为最本质的人生问题提供终极指向；另一方面，道家关注人们的价值问题，探索在异化的现实中，人应当如何明确生活的真正意义，而不被各种虚妄的价值所误导，主张"绝圣弃智""绝仁弃义""无为而治"，对"时弊"保持清醒的认识，保持本真，扬弃现实，向往美好。道家引发人生的价值思考，引导现实的价值重估，促进观念的价值重构；最后，道家认同人的自我实现，并为人生境界的达成提供了方向。在道家"人道"思想中，"道法自然"的观念贯彻始终。

■ 信息时代比的不是谁知识渊博，谁信息掌握多，而是融通信息的能力。

悲愍受釈

長政一雀衆山

後法師

遣置

■ 人不能没有个性，也不能太有个性。没个性的人没亮点、没能力、没优势，引不起别人关注、得不到上级启重、赢不了别人支持；太有个性很容易被人排外、被人孤立、被视另类，领导不敢重用、同事不敢交往、部下不敢追随。按理说，每个人需要一点个性，但更需要是共性。脱离共性被视另类，失去个性说明无能。

172

做好你自己

《朗读者》有一期，董卿采访了黄永玉。其间黄老说了这样一段话，很值得深思："人要活得有意思一点，不要去做个这样的人物，做个那样的人物，费事。对待我们眼前的生活，要活得好一点。"

这是一位走过近百年人生的老者，给予世人的箴言。背后的道理其实很简单：人要活出自我。

生活中，我们总是习惯于在意别人的看法。一旦外界的声音有些微不如意、不中听，玻璃心便啪嗒一声摔在了地上。但你要知道的是，人只要活着，总会被人说三道四。

遇到怀疑你的人，不管你有多真诚，你说的都是谎言；遇到复杂的人，不管你有多单纯，你就是有心计。而你若是因此而郁郁寡欢，不正是用别人的错误惩罚自己么？

人生在世，谁也不能活得像人民币一样，谁都喜欢。与其在乎别人的评价，不如好好走自己的路。

当你把自己活成一道风景时，自然会成为别人眼中的风景线。

自然修养观

　　道家认为人格的升华和境界的提升，需要立足自身，去体察自然，修养自身，追求道德。道家自然修养观，是一个主观与客观相符合、人性与道德不断磨合的过程，从表现形式来讲，人们顺应自然，体认规律，努力使自身的行动符合规范，这是一个正向的过程；从本质属性来讲，人们通过反省自察，抛弃各种非自然的成分，追求清静无为，要求复归于"道"，这又是一个反向的过程，如此，正向与反向相互重叠，循环往复，不断提升着个体的生命觉悟。

　　"尊道贵德"，这是道家修身之道的核心。自然修养观，同样需要顺道而生，法道而行，合乎天道。

　　要更好地体察生命的状态，还需要时刻注重"反观自求"，明确自身的位置，洞察复杂的真相，消除生活的盲点。"全生"的第一个层次，是基本生命条件的实现，所谓"全生为上，亏生次之，死次之，迫生为下"，生命是至上的存在，生命所需应当获得尊重，生命的质量应当得到保障。"全生"的第二个层次，是人们对生命存在的珍重，人人热爱生命，珍爱和谐，反观自身，能够不因须臾而伤感，不因俗务而冲突，爱人爱己，保全生命，尽养天年。"全生"的最终层次，是自然天性的保全，回归自然，保全真性。

■ 生活不易，如果你觉得容易了，肯定是有
人为你分担了不容易。这个人就是父母，
还有许多人。

志和气

　　"志"是人体的统帅，"气"则受其支配。心志指向哪里，身体能量和动力便会跟随到哪里。

　　"志"，是心之思考与追求从而形成的主导思想。如今讲信仰，讲主义，讲三观，都是志。志有大小之分。宏观地看，文化多元，志亦多种。

　　"气"，充满人体的构成元素。首先，"通常指一种极细微的物质，是构成世界万物的本原"。最浅显的证明是人时刻都要吸进清气，吐出浊气，人

靠气的运作而活。其次，"指人的元气"。"指人体内能使各器官正常地发挥机能的原动力"。气不仅是人体的物质本原，而且具有形而上的功能，如"血气"，就借助血和气，表达了生命的一种能量。

盖子的"志""气"论，既以都市为旨归，同时又从身心两方面入论，显然人本里的命题，况且了同能的应用与价值，才是人本里最重要的意义。

■ 话要和明白人说，事要与踏实人做，情要同厚道人谈，这就是生活。要记住：把感情和时间花在对的人身上，才有意义。生活中，我们时常会犯的错误：向糊涂人说了明白话；试图和不靠谱的人做正经事；和无情的人谈起了交情。

幸福观

发展是为了什么？为什么要发展？难道不是为了幸福吗？如果幸福是我们的目标的话，那什么是幸福呢？

有人曾经做过关于幸福的调查，发现幸福跟钱有关系，在钱少的时候，钱和幸福感是直线的关系，但到了一定高度以后就不是。我们都知道有钱人的烦恼很多，他们有我们所没有的烦恼。

而幸福感跟什么有关系？

跟生活节奏有关系。大家都在说"慢"不是没有道理的，因为大家心里对快是有恐惧、压力和焦虑的，"快"不是幸福。而快跟什么有关系？可能跟竞争有关系，节奏、便利、人情这三个是排名比较高的，这说明了注重物质不会带来幸福感。

在今天，包括欧盟的一些国家在内的很多国家也开始纷纷出台"良好生活"的指标。我们在逐渐转变我们对生活的态度、对发展的态度，这可能才是真正良性的发展。

■ 什么是"过"？就是"走"在分"寸"的前面。

178

宋梅

常无才能常有

常无就是要常常回到原始状态，静心静坐，静心是一个常无的过程，也就是不断把自己身心状态中，还在运行、关不掉的应用程序关掉。

"穷则变，变则通，通则久"，常无就是自己穷途末路时，回到那个什么都不是、什么都没有的状态，重新由我们定义、表达、下指令，归零很重要。

"常有"就是常常创造，去做一些东西出来。整句话简单来说就是，通过创造的过程，我们能够看到非常多精细的细节，不同的反应与变化，然后在矛盾性、二元性中去调配布置，这样才有创造出美好经验的可能性，常常去创造这样的经验是很重要的。

所以，要放轻松，当我们的环境因缘中出现该有的时候，我们要有。该无的时候，要无。该有则有，该无则无，常无常有，就能够展现生命中美丽的画面。

■「敬畏论」人须有三种敬畏：敬天，敬地，敬自己。生在天地间，行在红尘中，每个人都要心存敬畏。天佑苍生，片刻不离，因"知时"而被敬畏；地生万物，春播冬藏，因"知止"而被敬畏；人成万物，审时度势，因"知度"而被敬畏。

有，无

　　"有"是实质存在，其实发挥作用的常常是"无"。

　　表达出来的，可以让你方便去判断，但那些隐藏的部分才是真正让你受用的。

　　盖一个房子，盖好之后，要不要开窗呢？要不要开门呢？开窗、开门，人才能住进去。一个好好的房子，四四方方，你把它挖了洞，让它产生一个空无的状态，我们才能住进去，空气才能流通。因为有这个无的状态出现，房子的功能才能发挥，这叫作"当其无，有室之用"。

　　存在的东西，发挥的作用常常是它"无"的部分，在这个世界上有个共同的状态：大部分的人都只看到实物存在的意义——"有"的那个部分，很少有人去关心那个看不见的部分，其实"无"才是真正产生功能的。碗里面是不是空的？你看不到碗里面有东西存在对不对？你只看到一个碗，大部分人认为碗是有价值的，但是真正发挥它功能的是往里面的那个空间。

精神养生让
生命更强大

　　养生到底在养什么呢？养生养的是"三生"：一是生存，二是生活，三是生命。这里"三生"这个养生概念，不仅重视身体的健康，同时也重视生活到底过得好不好与生命是否强大。

　　生命有两个元素，一个是生，一个是死。我们说一个人发展得好不好，谈的都是"生存"与"生活"，是指一个人活着的时候发展的状态，但是检视"生命"，则是在死亡的时候。

　　生命要养得有两样东西，一是心量，二是能量。如果我们的心是一个容器，如何让我们的容器变大，这叫"养心量"。如何让变大的容器里面装好的内容、充分的内容，这叫"养能量"。我们的心量可以愈养愈大，能量可以愈演愈充分、愈演愈好。所以心量广大，能量正大。心量要让它很广、很大，能量要让它很正大。有正能量，并且很丰沛，这就是养生命。所以我们的人生过程中，要去取得道——源源不断供应的能量，来滋养我们的"生存、生活、生命"。

■ 所谓的福人，就是心善品正，慈眉善目的人，就是积极乐观，热情
  向上的人，他们眼中有光，口中有糖，让人如浴春风，倍感温暖。

本质与现象

注重本质的人，与注重现象的人活得不一样。

注重本质，才能掌握现象。因为现象是本质的投射。人要为本质而活，不为现象所控制。"去彼取此"，就是在无常的现象中，丢掉那些让我们生活烦乱的东西，掌握那一个如如不动的中心，这是需要历练的。

不可否认，活着总要做点有趣的事，如果有好车开，当然要开呀；有好房子住，要住啊；有好吃的，要吃一点啊，五色令人目悦，五音令人耳爽，五味令人口水直流，这些都是很美好的东西，当然可以去享受人生。只是要记得一件事——"常无欲以观其妙，常有欲以观其徼"。不要只会"有"，还要会"无"。要从现象中解脱出来！佛教里面有一句话，"百花丛中过，片叶不沾身"，百花丛中过，一定有五色、五音、五味，走进去，经历了，但不要让那些东西卡住你的心、制约你的行。

■ 只有和高人、能人、福人在一起，多相处，多交流，多共事，学习他们的观世之法，学习他们的处事之道，学习他们的乐观之心，跟随他们的脚步，把自己变成更好更优秀的人！

专气致柔

我们的生命里，承载了两个元素：一个叫"营"，一个叫"魄"。"营"代表营养、物资、物质，是身体结构。"魄"就是气所保护的能量场。

魄是我们身心的指导者与主导者，营是我们的身体。以手机为例，营就是硬件，魄就是手机的系统及应

用程序。让硬件与软件合一地抱在一起，和谐运转的就是我们。简单地说，等我们肚子饿了，我们就去吃饭。身体所感受的，头脑同意一起去做；心中的想法，身体亦有能力来配合与达成，这就是"载营魄抱一"。

我们在与人互动的修行上，最重要的是如何让自己处在很稳定的频率中，能够很专心地取得能量的补给。比方说，我们希望自己一直活在平和的状态中。这个功力从哪里来呢？从"专气致柔"来。为什么要专心调整呼吸，调到柔呢？因为处在柔的状态就可以放松制约，不断地与更宽广的能量场合在一起。

我们以这种轻松愉快的态度，走到哪边，爱到哪边，合到哪边，能怎样就怎样，不能怎样也不勉强。人能够明白自己的生命，处在自己的圆满里，那才是最大的幸福。

■ 家人，是用来守护的，不是用来埋怨的。

战胜自我的人才是真正的强者

"知人者智，自知者明；胜人者力，自胜者强。"能够了解知道别人是有智慧的人，能够了解知道自己的人是聪明的；能够战胜他人是有力量的人，能够战胜自我的人才是真正的强者。世间上最大的敌人就是自己，能战胜自己的人，就能够战胜一切困难。

世界上最难读懂的那本书也是"自己"。我们学习了太多如何与人相处的技巧，却忘记了最为根本的一点，如何与自己相处。一个不会与自己相处的人，也一定不会与他人相处。毕竟，自己才是一切的根源！

■ 一个人，如果因眼前的迷茫而一路垂头丧气，那他就会错过清风、错过鲜花、错过一切值得人欣喜的事。

我们经常说，人与社会、人与自然的和谐相处，其实最重要的是人与自己的和谐相处。我们不妨看看自己，我们的内心有无穷的欲望、烦恼、困惑、纠结、矛盾，此起彼伏，纠缠不休？在这些没完没了的念头中，我们就像波涛上摇曳的孤舟，时而被冲向这里，时而被甩向那边，片刻不得安宁。只有学会与自己和谐相处，才能保持身心的健康和安宁，这才是人生的根本。

孤独

庄子说："独往独来，是谓独有。独有之人，是谓至贵。"

社交可以体现一个人的外在价值，但单独却能塑造一个人的内在价值；和别人在一起，我们总处于社会状态，只有在自己单独时，我们才更接近自然状态。单独是自己走向自己，当我们不用被迫与他人对话，才有更多时间与自己对话。

叔本华说："只有当一个人孤独的时候，他才可以完全成为自己。谁要是不热爱孤独，那他就是不热爱自由，因为只有当一个人孤独的时候，他才是自由的。"

■ 看世界，强自我。一个人面对外面的世界，需要的是窗子；一个人面对自我之时，需要的是镜子。

自己不好
何来命好

托尔斯泰说，"每个人都想要改变世界，但没有想过要改变自己"。

最近读了菲利普·科特勒的《我的营销人生》，88岁高龄的他，真是营销灯塔！这位诞生于1931年的老人，世界营销泰斗。他重新定义了市场营销和客户需求。

营销是一种无处不在的人类行为，每个企业、无数的个体都身在其中。总结菲利普·科特勒的成功，至少有三点。

（1）大量阅读：他拥有了批判性思考的能力，并且对于"如何建设一个更美好的社会"产生了终生的兴趣。他一直坚信：历史上的伟大思想能够赋予人们灵感与创意，也能激励人们为建设一个更美好的世界而努力奋斗。

（2）家庭幸福：一生中，一个爱人南希，三个女儿，一群外孙和外孙女。

（3）联结牛人：科特勒后期很多书都是和各个领域的牛人一同撰写的。他工作的乐趣之一就是遇到不同领域杰出的学者。与牛人交流，既是思想的交换，更是思想的升华。

■ 一个把自己和别人分得太明白的人，不大可能干出大事。一个整天想着自己"小九九"的人，从竞争角度来讲，停留在"术"的层面，反而不容易取得成功。一个整天装着别人的人，从竞争角度来讲，已经上升到"道"的层面，服务别人最终服务的是自己。"交换"是人类社会的基本法则，你什么都舍不得往外拿，就什么也甭想得到；你贡献越多，收获也会越多。

万般滋味　都是生活

有人说，丰子恺漫画，总有一幅是你的故事。在他那个时代，根本没有所谓的岁月静好，现世安稳，人人自顾不暇，经常周遭危机四伏，以至于很多人每天都是提心吊胆，可是丰子恺却能发现生活中的欢乐，将其定格成为永恒的瞬间，既有入世的智慧，也有出世的潇洒。

　　他说，既然无处可逃，不如喜悦，既然没有净土，不如静心，既然没有如愿，不如释然。

　　很多时候我们放弃一件事情，以为那不过是一件事，可是最后才知道，那其实是一生。人生到处是选择题，选择即人生。有人帮你，是你的幸运；无人帮你，是公正的命运。没有人该为你做什么，因为生命是你自己的，你得为自己负责。

　　大事难事，看担当；逆境顺境，看胸襟；是喜是怒，看涵养；有舍有得，看智慧；是成是败，看坚持。

　　人生之味——不宠无惊过一生。不乱于心，不困于情。不畏将来，不念过往。如此，安好。

漫漫人生路 自己走

漫漫人生路，
坎坷波折不间断，
风雨打击总常见，
你若坚强，无惧风雨，
你若勇敢，不怕困难。

人生路，总要一个人走，
谁也不能长伴谁的左右，
苦楚，自己体会，
责任，自己承担，
委屈，自己消除，
辛酸，自己明白，
不依赖，不乞求，
一个人照样行！

真正的强者，
不是无坚不摧，而是屡战不倒，

能含着泪奔跑，能流着血战斗，
就算摔得再重，输得再惨，
也能继续站起来，
目光坚定不畏惧，咬牙忍耐向前行。
我们不容易，
肩上有责任，
心中有压力，
一个人撑起一片天，
再难，不能放弃，
再苦，不能逃避。
从前我们伪装坚强，后来习惯坚强。

其实，谁不想有个依靠的肩膀，
但是我们必须要做强者，
你若不强，遇到困难谁帮你扛，
没有人能成为你一辈子的避风港，
父母，总有老去的时候，
朋友，总有淡去的一天，
这一生也只能自己独行。

■ 胡适说："世界最可恶的事，莫过于一
张生气的脸。"我们总是习惯把好脾气
留给外人，把坏情绪留给最亲近的人，
殊不知坏情绪是会传染的。在坏情绪
的链条上，我们每个人都是受害者。
而且你永远都不知道自己一时气愤下
的话，会给自己，给身边人造成多么
不可弥补的遗憾。

风雨人生　自己撑伞

人生路上，
跌跌撞撞，
摔倒又爬起，
无论遇到什么事情，
你可以哭，不可以懦弱，
你可以吼，不可以认输，
你可以醉，不可以颓废，
只要肯坚持，就能熬过去。

我们可以不做英雄，
但是要敢于独行，
像苍鹰一样展翅高飞，
像骏马一样驰骋飞奔，
依仗自己，只靠自己，
战胜一切的困难，练就一身的傲骨。

风雨人生路，
要学会自己撑伞。
酸甜苦辣，自己尝，
困难艰险，自己闯，
责任压力，自己扛，
一个人努力活成一支队伍，
再也不必看人的脸色，
再也不用求谁的帮忙！

风雨人生路，
一切靠自己，
责任不推卸，
困难不畏惧，
只有靠自己，才有底气，
只有求自己，才最安心！

■ 心累的时候，换个角度看世界；压抑的时候，换个环境深呼吸；困惑的时候，换个角度去思考；犹豫的时候，换个思路去选择；郁闷的时候，换个环境找快乐；烦恼的时候，换个思维去排解；抱怨的时候，换个方法看问题；自卑的时候，换个想法去对待。换个角度，世界就是另外的样子！

静能生百慧

静，是中国古人推崇的大智慧。

静为躁君，"静而后能安，安而后能虑，虑而后能得"静不仅是一种智慧，静还是产生智慧的土壤。

"水静极则形象明，心静极则智慧生。"一个人内心不静，很难真正思考问题，做人做事也一定会骄矜、浮躁。安静的人会仔细观察中审时度势，更容易深入思考，获得解决问题的办法或者感悟人生道理。

只有守静的人，才能发现生活中的幸福和美。浮躁的人、脚步匆忙的人总是会错过很多美好的东西。

虚能容万物

　　《道德经》告诉我们虚和无的大用："三十辐共一毂，当其无，有车之用。埏埴以为器，当其无，有器之用。凿户牖以为室，当其无，有室之用。故有之以为利，无之以为用。"

　　用三十根辐条制造的一个车轮，当中空的地方可以用来装车轴，这样才有了车的作用。开窗户造房子，当中是空的所以可以放东西和住人，这样才有了房屋的作用。

　　虚，首先是处世第一要诀。在待人接物的时候，一个人如果能够保持"虚"的态度，就意味着有了博大宽广的胸怀。

　　虚也是修行的第一要诀。

　　《庄子·齐物论》："天地与我并生，而万物与我为一。"要达到这种与天地万物并生为一的状态，就需要在虚上下功夫。而

■ "静"中藏着争字，"稳"中藏着急字。越急手要稳，想争，心要静。凡是你想控制的，其实都控制了你。

这种状态其实就是体悟大道。

　　放下一切，故没有分别、烦扰，"独与天地精神往来"。只有虚能去除贪欲与智巧，扬弃它们，才能使心灵从纠结桎梏中解放出来，而臻至大通的境界。

有两种人注定一事无成，一种是除非别人要他去做，否则绝不会主动做事的人；另外一种人则是即使别人要他做，他也做不好事情的人。那些不需要别人催促，就会主动去做应该做的事，而且不会半途而废的人必定成功，这种人懂得要求自己多努力一点多付出一点，而且比别人预期的还要多。

活着，开心最重要

　　生命是世间最大的"一次性用品"。既然只此一次，来去无痕，还有什么比活得开心更重要呢？

　　猫最喜欢吃鱼，可猫不会游泳；鱼最喜欢吃蚯蚓，可鱼无法上岸。上帝给了很多诱惑，却不会让我们轻易得到。

　　其实生活就是这样的，我们总是会遇到些不顺心，不如意。而想要活得尽情自在，无非是懂得凡事看开一点。

　　想起汪国真曾在《假如你不够快乐》中写过：

　　假如你不够快乐，也不要把眉头深锁，人生本来短暂，为什么还要栽培苦涩？打开尘封的门窗，让阳光雨露洒遍每个角落，走向生命的原野，让风儿熨平前额。

　　往后余生，凡事想简单一点，心思纯粹一点，心态平常一点。

　　不开心的时候，要用温柔的话语哄自己。当你懂得用一颗轻松愉快的心去面对生活时，再波折的人生，也能走出柳暗花明的境界。

最高级的稳定

　　当一段稳定的生活，被突如其来的意外打破之后，每个人的心态都会发生微妙的变化：有人抱怨命运不公，有人重新振作起来，随时应对变化的能力。

　　很多人都向往择一事终一生、爱一人到白头的安稳生活。可这个世界上，永远没有绝对的稳定，变化才是生命的主旋律。所谓的稳定，最高级别的表现，不是拥有一成不变的人生，而是面对改变时，拥有随时应变的能力。

　　没有稳定的工作，只有稳定的能力。作家王耳朵说："真正的稳定，不是你在一家单位有饭吃，而是你足够强大，不论走到哪里都有饭吃。"

　　感情的变化，犹如一朵花开的过程，有绚丽绽放的时刻，也有落幕凋零的瞬间。平静面对情感的花开花谢，是一个人对生命最好的温柔。离开那个深爱的人，在孤独的岁月里，你依然有能力将日子过得活色生香，这才是稳稳的幸福。

　　■　情商高的人，对局面有掌控，对未来有余地，对他人有宽容，对自己有约束。要的不是赢，而是解决问题。一个人值不值得你交往，不是看他心情好时对你有多好，而是看他心情差时对你有多坏。高情商的人，从不会随意对最亲的人发脾气。

接纳改变

接纳改变，培养应变能力，是我们成长中都要直面的课题。

1. 放下恐惧，接纳无常

对变化带来的未知可能，人的内心总是充满恐惧。《面对恐惧，从容面对》中说，恐惧有三个层次：恐惧事件本身、害怕失去背后的价值和觉得自己没有能力应对。当人们接纳无常，尝试挖掘恐惧的根源时，会发现恐惧其实只是一种幻象。勇敢打破它，生命将会精彩纷呈。

2. 勇敢行动，走出舒适区

舒适区，是指一个人在某种特定状态中，感到特别舒适。人天生爱追求稳定，面对变化，就像小矮人哼哼一样喜欢停留在舒适区。为了创造更好的未来，我们要像小老鼠一样勇敢行动，这样才能邂逅美丽的风景。

3. 培养反脆弱的能力

《反脆弱》中说：当你脆弱的时候，往往倾向于尽量减少变化。相反，如果你想做出改变，并且不关心未来的结果，那么你就具有反脆弱性。天灾人祸、生老病死，变化时刻都在发生。培养反脆弱的能力，我们才能迎接各种挑战和机遇。

■ 一个真正有学问的人，往往谦逊，不会逢人就教；真正有财富的人，往往低调，不会逢人就炫；真正有德行的人，往往慧心，不会逢人就表；真正有智慧的人，往往圆容，不会显山露水；真正有品味的人，往往自然，不会矫揉造作；一个真正有修为的人，往往安静，不会争先恐后。

随时应变

《庄子·天下》说:"芴漠无形,变化无常。"

真实的人生,是一个动荡不安的过程,很少有真正的稳定。

稳定的能力,远比稳定的工作重要。任凭风吹雨打,你自闲庭信步,那才是一生的铁饭碗;稳稳的幸福,总会让人神往。但与其将幸福托付他人,不如主动培养掌控人生的能力。

最高级的稳定，是拥有随时应变的能力。毕淑敏说："生活就是泥沙俱下，鲜花和荆棘并存。"

在岁月的征程中，愿你嗅得蔷薇，劈得荆棘，也有无可替代的应变能力。

■ 摄影已不仅仅是为了获取照片采撷作品，摄影是一种真实的愉悦，贯穿在整个拍摄的过程之中。发现是摄影艺术馈赠的一种享乐；捕捉是摄影艺术贻送的一种快感；凝结是摄影艺术崇尚的一种境界；欣赏是摄影艺术传承的一种思维。同样，观察是摄影的魂，激情是摄影的根，敏捷是摄影的本。

余生很贵

　　老和尚爱兰花，精心培育了数十株，外出云游的时候，交托给了小和尚照顾。结果有一次暴雨，小和尚忘了收花，全都被打碎了。

　　老和尚回来之后，小和尚向师傅告罪，请求惩罚。

　　老和尚说：我养兰花，又不是为了生气的。

　　对啊，培育兰花是为了那份美好，又不是为了生气。

　　人生短暂，要把精力浪费在美好的事物上，此生才不至于虚度。

心灵是一个有限的容器，装得下仇恨，就放不下爱与温暖。

　　人生有更多美好的东西在等待自己，不跟敌人计较，其实也是放过了自己。

　　茫茫人海，相识就是缘分，相知更是幸运。

　　用加法爱人，用减法怨人；用除法恕人，用乘法感恩。

　　人只活这一次，余生很贵，把时间，留给更美好的事上，把感情，留给更值得的人身上。

因果定律

■ 人，越闲越累，越累越虚，也就越想躺着，越不知道该干点什么的时候，越想着什么事不做，躺势就下来，可一觉下去的什么也做不成天要做什么时，人一定要吃了点，不能多地反来，项目做起来才能让自己更更好，用心生活，用身体去对待，不要太多递的你，那生活也许不那么如意，可让自己他候来一下自己快乐，幸福和脑廷 ……

216

厚道，才有厚报。

世界上没有一件事是偶然发生的，每一件事的发生必有其原因。这是宇宙的最根本定律。

人的思想、语言和行为，都是"因"，都会产生相应的"果"。如果"因"是好的，那么"果"也是好的；如果"因"是坏的，那么"果"也是坏的。人只要有思想，就必然会不断"种因"，种"善因"还是"恶因"由人自己决定。

所以欲修造命运者，必须先注意和明了自己的每一个想法（起心动念）会引发什么样的语言和行为，由这些语言和行为又会导致什么样的结果。

吸引定律

■ 最好的生活是时光，浓淡相宜，人来远近相安，所以悠下去去生活

你相信什么，就会发生什么。

人的心念（思想）总是与和其一致的现实相互吸引。比如：一个人如果认为人生道路充满陷阱，出门怕摔倒，坐车怕交通事故，交朋友怕上当，那这个人所处的现实就是一个危机四伏的现实，稍有不慎，就真的会惹祸。

人都是选择性地看世界，人只看得见和留意自己相信的事物，对于自己不相信的事物就不会留意，甚至视而不见。所以人所处的现实是人的心念吸引而来的，人也被与自己心念一致的现实吸引过去。这种相互吸引无时无刻不在以一种人难以察觉的、下意识的方式进行着。一个人的心念是消极的或者丑恶的，那他所处的环境也是消极的或者丑恶的；一个人的心念是积极的善良的，那他所处的环境也是积极的或者善良的。

真正的正能量，不只是去靠近正能量，而是自己生产正能量，自己成为一个正能量的人，因为这是从自我的根本处着手。只有自己是一个正人君子，才能真正地走正道、得正报。更进一层，吸引定律还可以升级为深信定律——你深信一件事，不论这件事是好是坏，往往就会发生在自己身上。

放松定律

越是求，越得不到。

人只有在心态放松的情况下，才能取得最佳成果。任何心态上的懈怠或急躁，都将带来不良结果。什么心态是最佳心态呢？答案是越清明无念越好！把目标瞄准在你想要的理想人格、理想境界、理想人际关系和理想生活等等东西上，然后放松心态、精进努力，做你该做的，不要老惦记着这些东西什么时候到来，则这些东西的到来有时候能快到令你吃惊。相反，如果你对结果越焦躁，你就越不能得到理想的结果，甚至会得到相反的结果。

这其中的玄机便是：但凡你想、你要、你求，你就是被局限的自我所束缚和困住的，格局永远大不了，甚至越来越小。

《周易》所说"神无方而易无体"，就是指的这种状态。"唯变所适"则是其功用，如此，才能足以应对万变，什么事都可化解，进而什么事都能做成。道家言"求而不得，不求而得"，老子又言"无为而无不为"，道理也在这里。

出世与入世的圆融，这就是核心的枢纽。唯无欲无求者，方可谋天下，他顺应的只是天道、承接的只是天命。

■ "岂能尽如人意，但求无愧于心！"生活永远都不会像我们想象的那样完美，所以我们不能苛责自己一定要怎样，不负真心，无愧于心就可以了。守一颗清静心，倚楼听风雨，淡看尘缘如梦，以真面目示人，活得真实；以真性情交人，活得坦诚；以真感情对人，活得干净。

当下定律

心境变，处境即变。

人不能控制过去，也不能控制将来，人能控制的只是此时此刻的心念、语言和行为。

所以修造命运的专注点、着手处只能是"当下"，舍此别无他途。正确的心态应该是不管命运好坏，只管积极专注于调整好做好当前的思想、语言和行为，则命运会在不知不觉中向好处发展。

"过去心不可得，现在心不可得，未来心不可得。"过去已过去，未来还没来，现在在不断流逝中，这三种心的的确确都是幻觉。人能把握的，只有当下——并非现在，而是随现在而流淌的状态，像水一样，不离开，也不停留。

那么人为什么会迷失在过去和未来呢？因为过去关联着执念——放不下，未来关联着欲念——有所求。放不下人心就会沉重、阴郁，有所求人心就会焦灼甚至扭曲。

■ 这一生，你看遍浮生繁华，踏进名利风尘，可终归云烟一缕，浮云一朵。人生本过客，不要为自己栽培烦恼的苦果。人活一世，奔波劳累在所难免。只有以快乐为本，将平凡的日子过得有声有色，用阳光般的心态迎接生活中的坎坎坷坷，不为昨天而后悔，不为明天而苛求，何愁日子不快乐！其实，心中的天气，是晴是雨，全在自己！

80
/
20定律

心能笃定，成功便是一定。

人在达成目标前 80% 的时间和努力，只能获得 20% 的成果，80% 的成果在以后 20% 的时间和努力获得。这是个非常重要的定律，很多人在追求目标的时候，由于久久不能见到明显的成果于是失去信心而放弃。须知命运修造是长久的事，要有足够的耐心。不要预期前 80% 的努力会有很大收获，只要不放弃，最后 20% 的努力就会有长足及本质的进步。

量变而质变，这个道理我们谁都知道。要有耐心、能坚持，这个道理我们也都懂。那么为什么能够做到的是极少数？为什么我们不是取得成功的极少数人中的一个？

深信定律、当下定律和放松定律——他们深信自己所做的事的意义，并且坚信一定能够做成；因此他们只管做好每一个当下，而根本不在意结果什么时候到来；最终这个结果反而会更快、更好地到来，因为不走弯路、水到渠成。

所以要摆脱 80/20 定律的魔咒，正是要从深信自己所做、坚定自己的信念开始，在心无旁骛地做好每个当下中完成。

■ 趁我们还不够老，快去追逐生活的微笑，日子过去不多不少，不要让生活告别美好。

应得定律

你自己值多少，就能得到多少。

人得到应得到的一切，而不是想得到的一切。"拥千金者值千金，应饿死者必饿死"就是这个道理。所以命运修造者，必须要提高自我价值，自我价值提高则人应得的质和量都会提高。

应得定律更准确的说法应该是"值得定律"。就是你自己值多少，才能得到多少，赵朴初"人得到所应得的一切，而不是想得到的一切"，就是这个意思。

为什么可口可乐的老板说哪怕将可口可乐的所有资产付之一炬，可口可乐也能在很短时间内重新崛起？因为可口可乐这个百年品牌自身的价值在那里。为什么褚时健从人生巅峰跌入谷底，沦落到银铛入狱、一无所有，出狱时尽管年迈却仍能重新取得事业辉煌？因为褚时健的能力在哪里——他的自身价值。所以想成为人生赢家，就必须从提升自我价值开始。只要自身价值足够大，按照吸引定律，人脉、圈子等其他因素就都是不费力的，不必刻意经营也能聚集身边。

■ 训练有素，说明"有素"是可以训练出来的，"6s"管理第 5 个"s"就是"素养"，只要加强训练，就会变成有素质。当然这是戏说，这个成语的本意是平素一直有严格的训练。

226

间接定律

■ 人生，就是一边拥有一边失去，一边选择一边放弃。人生，哪有事事如意；生活，哪有样样顺心。所以，不和别人较真，因为不值得；不和自己较真，因为伤不起；不和往事较真，因为没意义；不和现实较真，因为还要继续。

不懂给予，不成大事。

要提高自我价值（包括物质和精神两方面），必须通过提高他人价值间接实现。你要有所成就，必先通过成就别人间接达成。有些公司创立的目的只是赤裸裸地追求最大利润，这些公司往往昙花一现；而那些致力于为客户为社会提供优质服务和优质产品的公司往往长盛不衰，越做越大。这就是间接定律在起作用。

间接定律中提高自我价值和提高他人价值往往是同时发生的，即当你在提高别人价值的时候，你的自我价值马上就提高。

只想去得到，所得到的顶多只是想得到的东西；而给予，得到的是人心，得到人心则什么都能得到，因为可以把人聚集起来，需要的时候再组织起来，去共同完成一些事情，需要众人完成的则必定是大事，最大的获利者则一定是作为组织者的自己。

人最该宽恕的，是自己。

一切利他的思想、语言和行为的开端，就是接受自己的一切并真心喜爱自己。只有这样，你才能爱别人，才能爱世界，你才可能有真正的欢喜、安定和无畏，才可能有广阔的胸襟。如果把消极思想比作一棵树，那么其树根就是"嗔心"，把这个树根砍掉，则这棵树就活不长。要砍掉这个树根，必须懂得如何宽恕。

人的一切痛苦，都来源于不接受——没有取得好成绩，没有考上一个好大学，没有找到一份好工作……失去了一个心爱的人，失去了一份好工作，失去了一个好机会……因为不愿接受、心有不甘，痛苦因之而生。

接受不是放纵，放纵和宽恕的差别正在忏悔。没有忏悔的接受是放纵，有忏悔的接受才是宽恕。宽恕的实质，是承认自己的不足，但是放下，以全新的姿态，去追寻更好的自己。否则，便是违背当下定律的。

万法阴阳，没有失就没有得，没有错就没有对，这是天道本来、万物常态，没什么不能放下，也没什么不能宽恕。

■ 诗人歌德曾说：即使在坚实的河床上也会发生沉船的事故。生活中，我们无能为力的事很多，变幻莫测的事更多。重要的，是保持一颗淡然的心。人生的路，难与易都得走，尽力了，努力过后，接受就好。往事终成烟，事过就翻篇，无论多么艰难，经受了，就是成长。

负责定律

你只需对自己负责，天自会对你负责

人必须对自己的一切负责，当人对自己采取负责任的态度时，人就会向前看，看自己能做什么；人如果依赖心重，就会往后看，盯着过去发生的、已经无法改变的事实长吁短叹。事实上，对你负责的也只能是你自己。

■ 人生是只能出发一次的旅程，我们其实一直在路上。如果只能携带两件行李，应是无畏与无执。得与失有时候真的就像借与还，有借有还再借不难。每个人的一生可能都会历经起伏，许多的成败与得失，并不是我们都能预料到的。我们能做的就是保持心态的平稳向上，走一步，再走一步。

闲居静处

坐禅需要安静的环境，但更重要的是心的安闲，如果是心闲，闹市一样能进入禅定。心不闲，寺庙深山也一样是闹市。门里有个市场就是"闹"，繁体字"闲"的写法，是门里一个月字——閒，开门见月，非常安静、清凉的感觉，就是闲。那么我们修禅定，就是要把心安住在悠闲的状态，不让任何事情干扰它。

■ [五住五起] 忍得住孤独，耐得住寂寞；挺得住痛苦，顶得住压力，挡得住诱惑；经得起折腾，受得起打击；丢得起面子，担得起责任，提得起精神。

看远　看宽　看淡

　　看远。看远是寻找目标，渴望飞翔，寻思境界。获得让自己深信不疑的理由。远望在视野上闪亮，目标在牵引中成长，飞翔充盈人生，境界提升人的形象。给思维插上联想的翅膀，就要打开心灵的门窗，走上山冈，站得高看得远，心地淡然，胸怀坦然，才能体会到一览众山小，才可由近及远、由此及彼、由表及里地探索出惊人的发现。

　　看宽。即宽敞的思路、宽宏大量的胸怀。看宽，是平视。平视看人，对高贵者来说是一种品格，对卑微者来说是一种骨气；平视做事，是切入现实，是与时代并肩，是倾听岁月的乐章。

　　看淡。淡泊，不是没有欲望。属于我的，当仁不让，不属于我的，千金难动其心。它是人生的一种心情，一种固守生命本分的态度，一种人生轻松处世之执着不执迷，热望不奢望真谛。因而，胸怀淡泊人长寿，心平气和体健康。淡定，是固守自己的所得，珍惜自己的幸福，与世无争，简单而又快乐。

■　我们无法挽回昨天的时间，也无法提前支配明天的时间，我们只有活在当下。1、知时：拥有时间概念；2、惜时：爱惜自己的时间；3、守时：尊重别人的时间；4、用时：成为时间的主人 。

不论怎么用尽心机，都不如静心做事。尤其是多做一些能够体现自身价值的事，这会让我们终身受益。

沉得住气，弯得下腰，抬得起头。

沉得住气。人生旅途，难免有低谷或高峰，有失意或得意。在不同的境遇中，怨天尤人，诅咒命运的不公，都是沉不住气的表现。沉得住气是睿智的彰显，是理智的沉淀，是成熟的标志。人在宇宙中，宛如茫茫大海中的一叶小舟，只有自己从容驾驭，直面前方的惊涛

■ 运用核心专长最重要的心法是不即不离，也就是我们不能死守本行、死守着原有的核心专长（由核心专长所建立的事业），要求新求变。但是另一方面也不能脱离本行，放弃自身的核心专长而盲目地进行多元化扩张。"不即"，一是研发新的核心专长，二是与别人所拥有的核心专长进行战略结盟，三是将原有的核心专长运用在新的领域上。"不离"，则是企业应先明确地定义出自身的核心专长，千万不能在对核心专长仍不清楚之前，就贸然将企业带离原来的核心事业。

骇浪，处变不惊，才能乘风破浪，无往而不胜。

　　弯得下腰。做人要低调谦卑，海纳百川，能屈能伸。古人韩信胯下弯腰，成就了大汉四百年基业；司马迁选择弯腰，书写出流传青史的绝唱。可见，弯得下腰是一种姿态，是一种内心的自信。

　　抬得起头。人无论身处逆境还是顺境中，都要保持一种乐观进取的心态。少年壮志不言愁，是青春的自信，纵死犹闻侠骨香，是壮士的自信，然而，抬得起头，不是盛气凌人，也不是傲视一切，而是谦逊待人，平等处事；不是以己之长，比人之短，而是正视自我，见贤思齐。

五人成事

　　高人开悟。解决人的智慧和觉悟及方向等人生关键问题，有高人指点相当关键。在人的成长过程中，高人开悟应该是成本最低也是最为关键的一步。

　　贵人相助。人的成长和追求成功过程中，总会出现若干次拐点，或者低洄处。这时候，若能得到贵人的真心支持，容易走出困境。

　　知己支柱。每一个成功的人后面都有一个杰出的知己为你修筑港湾。港湾是一种精神象征，起着心灵休憩和精神支柱的作用。

对手鼓舞。没有对手，人是不能不断创造、不断开拓的。所以要做成大事情，一定要找到对手，通过对手来鼓舞你的事业。

小人督促。小人让你时时刻刻警觉、清明。

优秀的且能成大事的人，总是在奋斗的过程中，发现、珍惜这五种人。更加要紧的是要感谢他们，感谢高人，感谢贵人，感谢内人，感谢对手，感谢折磨你的小人。

■ 在人生的枝头，有因为轻信而损失的东西，也有因为信任而收获的果实，而信任的收获要远远大于轻信的损失，所以人生的枝头上挂满了因为信任而结出的甜蜜果实。只要具备了信任的能力，其实你走到社会上，已经成功了一半了。

把柴米油盐过成诗

每个人，几乎都要跟柴米油盐酱醋茶打交道。它平平淡淡，是生活里的一部分，生活有了它们，才有了滋味。在诗人笔下，不仅有风花雪月，还有弥漫的烟火气，生活就是一首诗，一首最美的诗。

柴门寂静，米饭飘香四溢，炊烟袅袅，雨后天晴，诗意生活不过如此，你耕田来我织布，柴米油盐酱醋茶。

文学史上，最能将生活过成诗的人，当属苏轼。不论怎样的环境，苏轼总能找到自得的乐趣，让人佩服又羡慕。

当苏轼与友人游山之时，只有山间野菜和茶水可用，可苏轼依然自得其乐，他感慨道：人间真正有滋味的还是清淡的欢愉。真是可敬可叹。

杜甫的人生也是几度流离，数历坎坷。杜甫草堂刚刚建成之时，虽然环境简陋，但杜甫和妻子孩子依然能将生活过成诗。

没有棋盘，妻子就用纸画一张棋盘，没有玩具，小儿子就敲打着针做一只鱼钩。在简陋的环境中，自己能找乐趣，就是最美的生活了。

即使清淡的茶水，又怎样，只要心中有诗，处处都是乐事。其中，只要心中淡然，能接受最好的，也能面对最坏的，就已经是最难得的。

■ 风动莲生香，心静自然凉。明心偏重于理（见地），见性偏重于事（功夫）。有些时候我们可以从理到事，有时候也可以从事又到理。其实这个理和事，到了一定的高度，它们是一不是二。但是在形而下的时候，在没有入到道内的时候，理就是理，事就是事。一旦入了道了，理和事是分不开的。

水流云在

　　人的一生中都是在舍得、不舍得之间选择。

　　蒋勋说：我们如此眷恋，放不了手；青春岁月，欢爱温暖，许许多多舍不得，原来，都必须舍得；舍不得，终究只是妄想而已。无论甘心，或不甘心，无论多么舍不得，我们最终都要学会舍得。

　　正如一瞬间的光，没有人可以留住，无所从来，亦无所去，没有归属。

　　繁华靡丽，过眼皆空，人生数十年，总成一梦。

　　一生中，必须选择一种或者多种方式让自己修行。

　　■ 细节见人品，处事显教养，……的德……对别人提出要求或做出评价都很容易，难以……对……换位思考，……回过来看看自己……终究不是……，……为他……
……而不是……，……多……之间……处世……的……如果懂得换位思考，能够……周围人……处理……的人际关系，……人……的尊重……，也更容易……做到……于……
……终于……，……这样的人自然也比较容易获得他人的尊重和认可。

"一件简单的事，做起来不难，可以日复一日，成为每一天的例行公事。每天做，却不觉得厌倦、烦琐；每一天做，都有新的领悟；每一天都欢喜去做：这会不会就是修行的本质。

　　修行的路上，不在乎走得慢与快，而在于内心的安和定。

　　正如人生中，你躺着，云也躺着，水潺潺缓缓，好像反复问，过路的行人，走那么快要去哪里？

　　一辈子是场修行，短的是旅行，长的是人生！

善待自己

人生是一场单程的旅行，即使有些遗憾，我们也没有从头再来的机会，与其纠结无法改变的过去，不如微笑着，珍惜现在。

成熟的人不问过去；聪明的人不问现在；豁达的人不问未来。

从现在起，给自己的心情洒点阳光，把时间留给更值得付出的人。

春有百花秋有月，夏有凉风冬有雪，若无闲事挂心头，便是人间好时节。时间是治愈一切矫情的良药，经历得多了，自然就懂了。得意时看淡，失意时看开，多一些宽容，少一些计较。你才是自己最强大的后盾！

你若爱，生活哪里都可爱；你若恨，生活哪里都可恨；你若感恩，处处可感恩；你若成长，事事可成长。

不去怨，不去恨，淡然一切，往事如烟。因为风雨人生路，每一步都算数！

正如丰子恺所说：

不乱于心，不困于情，不畏将来，不念过往，如此，安好。

勿感于时，勿伤于怀，勿耽美色，勿沉虚妄，从今，进取。

无愧于天，无愧于地，勿怍于人，无惧于鬼，这样，人生！

成熟的人不问过去

老和尚养了一盆兰花，出落的清秀可人。不想却在花开之际被野鸟啄坏了花根，慢慢枯萎掉了。

小和尚见师父若无其事的整理残枝败叶，哀伤地问："师傅，你就不难过吗？"

师傅平静地说："我昨天已经为它难过，也为它流过泪了。"

无论发生什么事，那都是唯一会发生的事。不管事情开始于哪个时刻，它都会成为过去。不要总在过去的回忆里缠绵，不要总是想让昨天的阴雨淋湿今天的行装。昨天的太阳，晒不干今天的衣裳。

过去的你，或许有很多令人伤心的往事，但是说到底，那些都已经过去，无论你多么在意，都改变不了了。

真正成熟的人，不会让太多的昨天占据自己的今天。若碰到不如意之人事，就一笑置之，生活不应被其所累及；若在人生路上跌得灰头土脸时，就重新调整一下状态，整装上路；若翻山涉水换来的是感情的无疾而终时，那就懂得放手，也许对的人正在前方等你。

爱过恨过，皆成经过；好事坏事，终成往事。

原谅一切，与自己和解，坦然接受生命中的黯淡与荣光，妥帖安放好在昨日。

■ 著名传媒人梁文道曾经区分了奢华与教养。他说：一个向外——求胜，一个向内——求安。一个人无时无刻不在和他人相比，自然就倾慕奢华；无时无刻不在要求自己进步，自然就有了教养。

聪明的人不问现在

三个工人在建筑工地上砌墙，有人问他们在做什么。

第一个工人悻悻地说："没看到吗？我在砌墙。"第二个人认真地回答："我在建大楼"。第三个人快乐地回应："我在建一座美丽的城市。"

十年以后，第一个工人还在砌墙，第二个工人成了建筑工地的管理者，第三个工人则成了这个城市的领导者。

那些真正厉害的人，是不会被当下所束缚的。即便

此刻有很多的困难和挫折，也不会就此放弃。即便此刻已经春风得意，也不会满足于现状，还是会砥砺前行。

路都是自己走出来的，只要你愿意努力，那就从此刻开始，把每一件看似平凡的小事做到极致。

苏轼曾在诗里这样写道：人生如逆旅，我亦是行。

聪明的人，懂得调节自己的情绪，不会被外在事物轻易地影响自己的心情，看淡世间沧桑，内心安然无恙。

多思无益，认真做好当下该做的每一件事，用心体会生活，就够了。

■ 环境影响心情，心情影响环境，环境复杂会导致心情不舒，心情复杂会觉得环境不舒。心情是内部环境，身外是外部环境，如果内外环境相辅相融，自然舒畅、开心、有利身心；如果内外环境相冲相克，肯定难受、烦恼、不利身心。我们可能无法改变外部环境，但我们可以向内追求、改善本我、调衡内外、舒心生活。

豁达的人不问未来

　　有一个年轻的旅者，在河边看到了一位老婆婆正在为渡河而犯愁。

　　已经筋疲力尽的旅者，用尽浑身的力气，背着婆婆渡过了河。结果过河之后，婆婆一句客气话都没有说，就匆匆走开了。

　　旅者很郁闷，好心帮忙，却连一声谢谢都没有得到，没办法，只得继续往前赶路。

　　过了一会儿，一个年轻人骑马追上了他。将自己所乘之马和一大包袱干粮送给旅者，旅者不解其意，忙问年轻人缘由。

原来，年轻人是那位婆婆的孙子，而婆婆是一个哑巴，之所以匆匆走开就是为了早点回家让家人前来答谢旅者。

不必急着要生活给予你所有的答案，有时候，你要拿出耐心等。即便你向空谷喊话，也要等一会儿，才会听见那绵长的回音。

人生的路很长，不要计较短暂的得失。心情，是一条河，心情的好与坏，取决于它的深度。若心量太小，一件鸡毛蒜皮的小事也能激起水花，让人烦躁不已；若心量大了，再大的困难也能心平气和、安然对待。

不管结果如何，来过，爱过，努力过，无愧于心，就好。

■ 要在更广阔的天地里寻找自己的位置。实际上，我们每个人都属于多个共同体。如果你在一个集体里被孤立，说明你不属于这个集体，你可能属于更广大的集体。如果在这个共同体里面没有归属感，那么此时我们需要做的就是置身事外，寻找更大的共同体。

陈东祠

慎终追远
继往开来
一劳永逸
万古流芳

载风流吾辈祠宇辉煌里黑

饮水思源芳祀盛香火祖

德隆疏无贤宗文戔茂创悭

体面

我们曾如此渴望命运的波澜，到最后才发现：人生最曼妙的风景，竟是内心的淡定与从容。

我们曾如此期盼外界的认可，到最后才知道：世界是自己的，与他人毫无关系。

体面，是我们普通人都向往的生命状态。可究竟什么是体面？并不是所有人都能够通透。哲学家冯友兰先生说："挑水砍柴，无非妙道。"意思是，世界上最高的生活道理，往往隐藏在最细节的生活之中。

一个人要过得体面，并不需要金山银山，也不需要万人敬仰，只需内心的丰盈与富足。因为这样的人，能够享受生活的平淡，不惧人生的暗淡。

变得体面是一种成长，是一个人从自我接受到被别人认可的过程。

■ 很多事情，心里有数就好，看穿但不说穿，眼宽容景，心宽容事。生活如山，宽容为径，循径登山，方知山之高大；生活如歌，宽容是曲，和曲而歌，方知歌之动听。

做好身边的每一件小事

日本的生活达人松浦弥太郎，曾经说过："成功的天赋就是做好每一件小事的习惯。"松浦大叔用自己传奇的故事，阐释了什么叫"做好身边的每一件小事"。

他 41 岁的时候，才开始人生的第一份工作，担任濒临倒闭的杂志《生活手帖》的主编。那时杂志因为太老气了，只能成为奶奶们身边的读物。但松浦上任后，并没有抱怨事业的不顺，也没有逃避困难，而是踏踏实实地从身边的小事做起。他每天思考的事情是教人怎样钉好钉子、怎样做出美味荷包蛋、怎样收藏才最节约空间。这些都来源于生活，巧妙之处就是唤起了人们对生活的热爱。

上天总是会眷顾热爱生活的人。

经过一年多的运营，《生活手帖》重新回到大家的视线，成为很多人的生活宝典。不久后，还蜕变成一本能发行 100 万册的殿堂级生活指南。

在担任《生活手帖》主编之前，松浦其实只是一个从美国回来的"落魄"海龟。为了讨生活跑到美国，却遭遇了更大的困境：没有朋友，语言不通，一个人走路，一个人吃饭。

每当他问自己："为什么我这么孤独？"心情便比在日本时更消沉。

于是他第一次认真思考自己最需要什么，如何走出生

■ 旅游时，如果是旧地重游，不妨在既有的大道之外，再去寻访一些小路，发掘新的风景。相反地，如果是在陌生的地方，则应该记住来时的道路，以便遇到困阻时，能够脱身。对已知的环境，做进一步想；对未知的环境，做退一步想。在人生的旅途上，前进固然可喜，后退也未尝可悲，最重要的是在前进时要知道自制，免得只能进而不能退；后退时则要知道自保，使得退却重整之后，能够再向前行。

活的窘境，松浦的生活哲学便开始萌芽了。他开始从小事做起，训练自己和人打招呼、如何打开心扉、以及如何去生活与生存，把如何做好每一件小事都形成一种习惯，甚至还自创独有的程序和步骤。他把这些积累和习惯都带到了《生活手帖》。现在，他是畅销作家，杂志主编，书店老板，让自己的生活理念影响了成千上万的普通人。

　　真正的体面就是来源于生活，当一个人关注生活，热爱生活时，就更容易找到自己的快乐和价值。

懂得管理自己的时间

李开复说：

"如果你问我为什么永远精力充沛、永远有用不完的时间，工作、社交、生活、兴趣什么都不落下。我想说，是因为我能管理好自己的时间。"

世界上唯一公平的是时间，那些看似"三头六臂"的人都是善于管理时间的。

养成了超乎常人的自律，你就能享受时间红利的正向累积，犹如做了一笔稳赚不赔的投资一样，时间越久，收益就越高。

聪明的人都懂得规划时间的力量，善用时间，让你可以在普通生活外开辟出更多的可能性。也许其中的一两项努力，就会变成你的一技之长。

■ 大智者必谦和，大善者必宽容。有时候放过别人，就是在放过自己。因为如果事事计较，只会给自己生活平添疲惫与苦恼。记得用一颗宽容大度的心去看待荣辱得失。毕竟，生别人的气，伤的是自己的身体。

懂得管理自己的空间

有人说："一个人的房间里藏着自己的生命状态，房间的样子，就是你的样子。"

起居坐卧、工作阅读、煮饭品茶、休闲娱乐，日常所求，除了安逸舒适，还最能看出一个人的生活态度。

提到空间的管理，我想起了管理大师山下英子的"断舍离"理念。

所谓"断舍离"，就是通过收拾家中的杂物，清除内心的废物，让环境变得清爽，也使心灵焕然一新，从而变得通达自信。

在这个商品高度发达的时代，很多人都只懂得买买买，让很多不必要的物品堆满了房间，属于自己的空间越来越有限，生活也越来越压抑。

懂得管理空间的人，能够重新审视自己与物品的关系，慢慢地从关注物品转变为关注自我。乔舒亚·贝克尔在《极简》一书中总结的那样：减少 20% 的物品，提高 80% 的生活品质。

生活的品质不是取决于物质，而是取决于空间。

■ 有一位中层干部总结合格，找关键就在于"主动性"这一个字。首先，"主动性"体现在"谋事"上，中层干部要"没事找事"，去找对单位发展有利的好事。一所单位的持续发展，靠的就是中层干部以及所有关心热爱单位的人们所想出来的"增量"。换句话说，如果没有大家在工作上积极的态度，没有这些自己"找来"的事情，单位也就不会有更大的发展。"主动性"还体现在"有追求"上。既要满足岗位的基本要求，也要有所创新，最好能引领部门发展。

人生的三个追求

　　人生在世有三个追求，这三个追求是哲学推演的出发点，也就是"第一性原理"。这三个追求互相之间有联系，但仍然是三个不同的方向，也可以叫三个"维度"。

　　第一，人都想要进步。你看到一个好东西和不好的东西，自然就更想要那个好东西。听过高水平的小提琴演奏，你自然就希望自己也能有高手那样的演奏水平。追求进步是人的本能。

　　第二，人都追求幸福。什么叫幸福呢？阿德勒有一个断言，说幸福和不幸福的关键点，都在于人际关系。

这里说的人际关系是指广义的，你和整个社会和其他人的关系。

良好的人际关系会让你感到幸福，而一切烦恼的根源也是人际关系。

第三，人都追求自由。对自由追求到什么程度，这是区分强人和弱者的唯一标准。

强者和弱者的差别并不在于什么具体的技能，也不是性格上的"强势"，而是气度和勇气。

■ 叔本华说过："对往事耿耿于怀，对未来忧心忡忡，从而白白丧失眼下的好时候，恣意败坏目前的好时光，是彻头彻尾的愚蠢。"

■ 把自己当别人——减少痛苦，平淡狂喜；把别人当自己——同情不幸，理解需要；把别人当别人——尊重独立性，不侵犯他人；把自己当自己——珍惜自己，快乐生活。能够认识别人是一种智慧，能够被别人认识是一种幸福，能够自己认识自己是圣贤人。

格局如何
全凭你着眼之处

何为格局？

很多人都会从生活中的方方面面去阐述：在做事上，不会斤斤计较，懂得通盘考量。在见识上，博学多才，有自己独到的见解。在胸襟上，宰相肚子里能撑船。

乍一听这些论调，无论是谁都会忍不住点头。可细想之下，若以事事论格局，则颇有一种眉毛胡子一把抓的感觉，让人对何为格局仍摸不着头脑。

"仙"之一字，人立于峰巅，瞭望的是星河壮阔，天地广袤。

"俗"之一字，人委身于谷底，目之所及都是鸡毛蒜皮之事。

我想，这两字大抵就可道尽什么是格局。你是囿于脚下的一亩三分田，或是极目远眺，囊括千里之地；你是蝇营狗苟，贪图的是眼前的小便宜，或是谋篇布局，追求长远利益。格局如何，全凭你着眼之处。

总而言之，格局之大小，就是在做事做人上，看自己是把目光放在哪儿。

格局大有多重要

人生好比是一个池子，而你的格局决定了这个池子有多深有多大。倘若你的池子只是方寸大小，那么不管你往里面倒多少水，池子很快就满了。

这跟我听到一个故事有异曲同工之妙。

一位教书先生在课上提到曾国藩的一句名言，"谋大事者首重格局"。

学生不解其意。

教书先生捧来一盆桃树，对着底下的学生说："花盆就那么大，这棵桃树再怎么生长也不过一尺有余。"

说完，又带着学生们来到屋外，指着庭院里那棵枝繁叶茂的桃树，又跟学生说："这棵桃树则有足够的空间可以任意生长。"

格局的重要性可以罗列无数，但最重要的一点就是，如花盆决定桃树的生长空间，格局决定了你的人生的天花板。

■ 令人害怕不如令人喜爱，令人喜爱不如令人赞美，令人赞美不如令人尊敬，令人尊敬不如令人怀念。

如何提升格局

格局从来不是一成不变的。

自己渴望出人头地，生活却没有一点方向；每天看似都忙得焦头烂额，但陷入了一种死循环。这是很多人的经历，越努力越绝望，产生一种无法改变现状的无力感，被生活拖拽着往前走。

刘墉的《方向》有一句话让我深以为然：你可以一辈子不登山，但你心中一定要有座山。它使你总往高处爬，它使你总有个奋斗的方向，它使你任何一刻抬起

■ 要警惕那些过分恭敬甚至恭维谄媚的人，因为这种人很难是真心实意在"谋事"的，他们多半是在"谋官位"。如果他总是一味地"恭敬"上级，心理一定很难平衡，不平衡的结果，就全要在下要对他同样地"恭敬""媚上者必欺下"。

264

头，都能看到自己的希望。

我们常把格局挂在嘴边，可倘若连方向和目标都没有，格局也就无从可言。

所以在谈格局时，不如先明确自己的方向在哪儿。只有你知道你要什么了，才会删繁就简，心无旁骛地朝着前方前进。只有你知道人生的重心在哪儿了，才不会在烦琐细碎之事中沉陷。

试着先明确自己前进的方向，然后再对自己的格局边界开疆辟土。倘若一直迷茫下去，只会在原地兜兜转转。

提升职场格局有「三力」

1. 解决问题时的逆向思维能力

面对工作中遇到的新问题，一时又找不到解决方法，而且，上司可能也没有什么锦囊妙计时，用逆向思维办法去探索解决问题的途径更容易找出问题的节点，是人为的，还是客观的，是技术问题，还是管理漏洞。采用逆向思维找寻问题的解决方法，会更容易从问题中解脱出来。

2. 考虑问题时的换位思考能力

在考虑解决问题的方案时，站在公司或老板的立场去考虑解决问题的方案。作为公司或老板，解决问题的

■ 在大学里，有很多事情做不成，但是也有很多事情可以做成，关键是不要让困难影响做事的心情，如果心中想着不如意，样样会不如意，反之，如果一直在想，我能做成，为什么？前面总是光明的，这是一个人生态度。

出发点首先考虑的是如何避免类似问题的重复出现，而不是头疼医头，脚疼医脚的就事论事方案。面对人的惰性和部门之间的扯皮，只有站在公司的角度去考虑解决方案，才是一个比较彻底的解决方案。能始终站在公司或老板的立场上去酝酿解决问题的方案，逐渐地便成为可以信赖的人。

3. 强于他人的总结能力

找出规律性的东西，并驾驭事物，从而达到事半功倍的效果。人们常说苦干不如巧干，但是如何巧干，不是人人都知道的。

■ "知"，知识也，是人类在实践中认识客观世界的成果。而"智"，是一种高级的综合能力，是让人可以深刻的理解人、事、物、社会、宇宙、现状、过去、将来的能力，是一种真理的思考力、分析力、探求力。"知"不等于"智"，是靠学习而获得；"智"是知识树上长出的花，需要对各类知识进行加工、改造和提升，需要实践和感悟。"知"主要是靠"学"，"智"主要是靠"悟"。知识只有在转化为智慧之后，才是力量。

所谓的格局不是一成不变的，它随着你不断地学习，不断地丰富阅历，也在一步步提升中。

韩寒在《所有人问所有人》说："一个人年轻时候的容量比什么都重要，这决定了一个人生命的宽度，决定了你将来能够建立的格局。"知识阅历的增加会提升你的格局，而格局的提升又会反过来指导你怎样去学习。

人生是一场修行，我们总要一步一步地去攀登，去看自己想看的风景，去触摸自己想要的生活。格局大的人和格局小的人，看的风景是不一样的。格局越大，目之所及越是恢宏绚烂。

在生活中，也许有一些梦穷其一生也没法实现，也许有个别地方终生步履难至。我们应该明白：

世界有多大，不在于外界，而在于你的内心。

气
场

　　每一个人都有自己的气场，但是气场的大小却各自不同。

　　一个人的气质很好，外表精神、有修养、有道德，这个人的气场就好，就会吸引好的事，吸引好的运气。

　　气场存在于每一个生命体中，是我们每个人的精神代言人。它是无形的，但其能量却是巨大的，你奋斗的决心和信念、你的成功、你的健康……一切都来源于你强大的气场能量。气场不仅有积极的一面，还有其消极颓废的一面，你所要做的就是调节气场，把它调节到最积极的状态。

从现在起，你应该学会增强自己的气场，增强自己的吸引力和影响力。你的心灵和身体越健康，你的能量就越活跃，气场力就越强，受到的干扰就越小，你就越有力量去做要做和想做的事，凡事就更容易成功。而如果安于做个弱气场的人，那么你就很容易受到外界的影响，自己也容易疲劳、被操纵、产生挫折感，进而影响自己的身体、心灵、生活和人生。

意念场

你想什么，你相信什么，你就有什么样的气场，这也就是吸引力法则。

你的思想吸引你想要的东西，你是积极向上的思想，你的气场就是积极向上的，你的思想是消极负面的，你的气场就是消极负面的，同时吸引消极负面的人和事，所以要加深你的正能量场，就要有积极正面的思想。

人体就是一个很敏感的信息场，无时无刻不在与外界的信息、能量进行交换。

■ 你走过的每段路，做过的每件事，读过的每本书，听过的每首歌，见过的每个人，以及参与过的每段对话，从中的收获都塑造了今天的你。你是所有人生经历的总和。

■ 在职场上，每次要发脾气之前，先想想是要解决问题，还是只是一时发泄情绪。人有脾气没问题，但脾气不能大过自己的本事。

爱是宇宙间最强大的气场、因为它和宇宙和谐一致，爱是你身上正面的气场。只有发出爱，你才会吸引爱，所以不要只爱你自己的那么小我，要爱周围所有的人，爱你的朋友、父母、爱人、亲人、同事、敌人、地球万物、一花一草，你发出的爱越多，你积聚在宇宙间爱的气场就会越大，同时你收获的爱也就越多。

一个人广做善事，他就积聚了宇宙间的爱的磁场。

做任何事不要以为别人不知道，"举头三尺有神明""不以恶小而为之，不以善小而不为"。

在日常生活中，你会发现大量的"低能量"人。偶尔也会幸运地遇到高能量的人。他们总是那么积极乐观，总是那么快乐，总是那么具有影响力。

■ [儒家"五常"：仁义礼智信] 1、修心：优为聚灵，敬天爱人，是为仁。2、对利：能拿六分，只拿四分，是为义；3、做人：对上恭敬、对下不傲，是为礼；4、做事：大不糊涂、小不计较，是为智；5、对人：表里如一，真诚以待，是为信。

人世间最难的事情莫过于面临选择而无法取舍。

选择了林荫小路，就放弃了阳光大道；选择了欣赏奇景，就放弃了平坦旅途；选择了重新开始，就放弃了曾经拥有；选择了奔赴远方，就放弃了现世安稳……

纠结，不是不知道该怎样做，而是舍不得放弃。

人生天地间，忽如远行客，其实这世上的每一个人不过是匆匆的过客，就像夏日里朝开夕落的木槿花那样，倏忽而逝。

天地常在，人生无常，"变"才是不变的常态。只有让生命回归丰富的宁静，才能笑看这人事变幻、沧海桑田，才会在每一次面临人生选择的时候，倾听内心深处的声音。

所有能发光的生命都在于你对生活的态度。你无法选择你的出身、你的长相、你的智力、你的家庭、你的生活环境，可是你可以选择你生活的态度。

内心拥有丰富的宁静，就会拥有战胜一切的力量。

无静气，难以成大才、办大事。圣贤之人，越遇大事，反能心静如水。静气不仅有平常的心性功夫，也有临机的运用、发挥。如果你慢下来、静下来，反省观照自己，积攒能量、总结经验，待时机来临迅速出击，诸事可成，因为已经做了充分的准备。

每临大事有静气，不信今时无古贤。静出智慧。巨商的无言等待，是静之后的智慧。在突如其来的事件面前，巨商能够沉着应对，从而化险为夷。对人生而言，学会静，是一笔宝贵的财富。它会让你懂得，一旦面前出现惊涛骇浪、乌云笼罩，焦虑、苦恼非但于事无补，有时还会使事情变得更糟，而恰如其分的静，能够让你稳住阵脚、挽回损失。

静是韧性的智慧！ 致虚极，守静笃。重为轻根，静为躁君。静胜躁，寒胜热，清静为天下正。

静下来的力量

■ 老子的最高境界：道法自然，顺其自然。孟子的最高境界：达则兼济天下，穷则独善其身。庄子的最高境界：物我两忘。孔子的最高境界：随心所欲而不逾距。佛的最高境界：眼里有佛，心中无佛。道家的最高境界：无为而无不为。儒家的最高境界：修身齐家治国平天下。

不悲不喜便是晴天

人活得累，是因为能左右你心情的东西太多。

天气的变化，人情的冷暖，不同的风景都会影响你的心情，而他们都是你无法左右的。

看淡了——

天，无非阴晴；人，不过聚散；地，只是高低。

沧海桑田，我心不惊。

自然安稳，随缘自在，

不悲不喜，便是晴天。

什么是真实？

　　真实，是本性的返璞归真。"你看到什么，听到什么，做什么，和谁在一起，有一种从心灵深处满溢出来的不懊悔也不羞耻的平和与喜悦，这就是真实。"

　　这世上没有完美的人生，也没有永远明亮的生活。可生活的意义，不就是执着美好、善良与真实么？

　　人最极致的修行，一定是返璞归真，因为它让我们足够踏实。

生活，返璞归真到了极致，就只有朴素和简单了。

繁华易得，难的是保持一颗平和的心。没有什么是长久的，"舞榭歌台，风流总被雨打风吹去。"世道从来如此。

返璞归真不只是朴素，也是更关注健康和大自然。如喜欢上了爬山，往往一爬就是半天，认识了山上的人也不错哦。

什么是幸福？

■ 生活，是一种夏日流水般的前进。不要问我将来的事情吧！请你，将一切交付给自然。我们生的时候，不必去期望死的来临。要静心学习那份等待时机成熟的情绪，也一定要保有在这份等待之外的努力和坚持。

幸福，是指一个人的需求得到满足而产生喜悦快乐与稳定的心理状态。幸福划分为四个维度：满足、快乐、投入、意义。每个维度的幸福都是好的，但是将浅层次的快乐转化为深远的满足感和持久的幸福感是一件益处更大的事情。

低层次的幸福在物质世界里，而高层次的幸福在精神世界里。很有钱、很有权、有别墅、有豪车、被人羡慕所带来的幸福感只是低层次的幸福感。

高层次的幸福：

（1）保持童年的欢乐、激情、兴奋、对生活的美好感觉。

（2）在茫茫的人海中遇到深爱的人，一起生活，彼此深深地爱着彼此，彼此深深的依恋着彼此。

（3）事业是人存在的意义之一，深深地爱着自己的事业，带着激情在事业中积极奋斗，感觉每天都在获得存在的意义，不枉青春。

有美好的心灵，才能有美好的精神世界；有美好的精神世界，才能有高层次的幸福。

学者齐斯真·米哈伊曾经提出来人类如果能够找到有意义的快乐，生活质量就会提升，人生的价值就会实现。

米哈伊教授曾经追踪一些特别成功的人将近 15 年，结果发现这些人有一个与众不同的特点——当他做自己特别喜欢的事情时，经常进入一种物我两忘、天人合一、酣畅淋漓的状态。

这个状态，米哈伊教授认为是人这一辈子应该体验的、多多积累的状态，他叫作 Flow，我们把它翻译成"福流"。

"福流"有五大特征：全神贯注、物我两忘、驾轻就熟、点滴入心和酣畅淋漓。"福流"一定是达到了一种物我两忘的状态，做起来得心应手，也不关心别人的评价，也不关心最后的结果，他体验此时此刻的一种过程，完成之后有一种酣畅淋漓的快感。

我们做自己爱做的事情就可以进入一种幸福的状态，有些人喜欢摄影，跋山涉水餐风饮露，他都觉得欢乐无比，为什么？因为他进入到"福流"状态。

音乐可以产生"福流"，谈心、说话、沟通、交流也可以产生"福流"。工作也可以产生"福流"，做你爱做的工作可以做到孜孜不倦，废寝忘食。某种程度上吃饭也可以，不过不在于吃什么，而在于和谁在一起，在什么地方吃。

■ 每个人的人生舞台不是在别人眼中，而是在自己心中。我们倾力付出，不是为了获得别人的赞许，而是为了拓宽自己眼界的广度、心灵的宽度和见识的深度。当你发现自己每一天都在变得更好，就是最值得骄傲的事。

■ 古人说："宠辱不惊，闲看庭前花开花落。"普通人大多没有这样的境界，但是学着自己哄自己开心还是可以的，不过是小事一桩。人生不管遇到多大的烦恼，记得随时在口袋里装一块糖，留在难过时哄自己开心。年轻时我们不懂，总等着别人来哄自己开心。后来经历的事情多了才明白，自己哄自己开心，这是每一个人都应该具备的能力。笑着过也是一天，哭着过也是一日，与其如此，不如没事给自己找点乐子，把自己哄开心了也是本事。

幸福需要使命感的支撑

要过真正有意义幸福的生活，目标必须是自发的，它是为了实现自我存在的意义，而不是为了满足社会标准，或是迎合他人的期望而设定。

增强幸福感最好的方法就是尝试、汲取经验，同时关注内在的感受。大多数人都忘了问问自己的内心，只因为我们太忙了。"生命并不长，别再赶时间了"。如果老是马不停蹄地前进，那就等于只是简单地对每日的生活做出反应，却没有给自己足够的空间去创造真正的幸福。

为了追求终极幸福，首先要设定幸福目标，目标的作用是为了帮助我们解放自我，这样我们才能享受眼前的一切。目标是意义，不是结局。如果想保持幸福感，就必须改变我们通常对目标的期望：与其把它当一种结局，不如把它看作是意义。

284

意义、快乐和优势

　　如何才能幸福工作学习呢？意义、快乐和优势是帮助寻找适合工作的工具。什么能带给我意义？什么能带给我快乐？我的优势是什么？

　　良好的人际关系有助于提升自己的幸福指数。保证良好人际关系的前提是要有一颗仁爱之心：帮助别人越多，自己就越开心；自己越开心，就越容易去帮助别人。

　　幸福的阳光来自内在的力量。认定自己有多幸福，就有多幸福。

■ 纪伯伦在他的名作《我的心只悲伤过七次》中说："我的心只悲伤过七次……有一次，在困难和容易之间，我选择了容易。"

获得幸福的方法

　　要学会感恩。让自己变慢脚步，看看你的四周，关注生活中的细微之处。当你的感恩之心能够欣赏生活的美，思考和祝福，你自然就充满了幸福感。

　　明智的选择自己的朋友。影响个人幸福最重要的外部因素是人际关系。所以如果你想变得开心的话，要选择和乐观的朋友在一起。

　　培养同情心。当我们能站在另一个角度看问题，更能用同情心，客观有效地处理问题。生活中就会少一些冲突，多一点快乐。

不断学习。学习让我们保持年轻，梦想让我们充满活力。当运用大脑进行思考的时候，我们就不大会想不开心的事情，从而变得更开心和满足。

学会解决问题。开心的人是会解决问题的人。在生活中遇到挑战的时候，他们会直面挑战，调动全身力量寻找解决办法，建立自己的自信心、下决心要的事情和直面挑战的能力。

做你想做的事情。既然我们成人生活的三分之一时间都在工作，那么做我们想做的事对我们的整体幸福感就有很大的影响。

活在当下。当你感到满足、开心和平和，是活在当下的最好感受。

要经常笑。笑是对抗生气或沮丧最有力的东西，简单的嘴巴上扬也可以增加你的幸福感，不要把生活看得太严肃，要学会在每日的奋斗中寻找幽默感和笑声。

学会原谅。憎恨和生气是对自我的惩罚。当你释怀的时候，事实上你是在对自己施以善意。最重要的是，学会原谅自己。

要经常说谢谢。对生活中的祝福要学会欣赏，向那些让你生活变好的人，表达出你的欣赏之情也同样重要。

守承诺。我们的自尊是建立在我们对自己守承诺的情况下。高度的自尊和幸福感有直接关联，所以要对自己和别人遵守承诺。

不要放弃。没有完成的方案和不断的失败不可避免的会削弱你的自尊，如果你决定做某事，在成功之前都不要放弃。只有当你放弃的时候，你才会被打败。

做最好的自己，然后放手。有时候尽管我们很努力做一件事情，但是总会事与愿违。当你尽了全力，就没有遗憾了。

好好照顾自己。一个健康的身体是幸福的关键，如果身体不好，你无论如何努力都很难快乐。

学会给予。做好事是最能确保你心情好的方法之一。

■ 日子有好有坏，倘若耽溺于糟糕的一面，也会与美好失之交臂。别因为一丝晦暗，就忘了去拥抱太阳的热烈。别因为一粒硌脚的砂子，就停止了向前的脚步。太阳每天要升起，希望永远都会在。

水到渠成

幸福，来自心灵的知足；快乐，来自精神的富有。

心中的欲念使我们放不下，内心的执着使我们受束缚。每个人的人生都是一场修行，是福，还是祸，只源于四个字：放下执念。

《小窗幽记》中有一副对联：宠辱不惊，看庭前花开花落；去留无意，望天空云卷云舒。

人生在世，不如意十之八九，难免遇到波澜，重要的是，平心静气，做好自己。人生不缺少追寻的人，但人生只成全水到渠成的人。你要做的，就是通过人生的修行和历练，弥补自己的不足，总有一天，你会遇见更好的自己。

人生没有心想事成，只有水到渠成。

■ 时光荏苒，岁月如歌。老去的是年龄，不老的是气质。心若向阳，岁月无恙。在变老的路上，一定要变好。人生本来就有很多无法破解的难题，不是每一件事，都能做到极致。得之，侥幸；失之，认命。心若计较，处处都有怨言；心若放宽，时时都是春天。要放得下，想得开，忘得掉。拨开世上粉尘，胸中自无尘埃；消除心中鄙夷，时有清风入怀。我们能做的，就是珍惜眼前，把握有缘的每一个瞬间。看尽世间好风景，识尽世间有情人，淡看世俗纷扰，从容带笑前行！

聊人生

渔民告诉我，因触礁倾覆的船比被飓风掀翻的船要多。人生的许多关头，不在于抗风雨，而在于补漏洞。

园丁告诉我，不是所有的花都适于肥沃的土壤，沙漠就是仙人掌的乐园。人生的许多成败，不在于环境的优劣，而在于你是否选对自己的位置。

羊倌告诉我，他很快活，因为他可以与野花攀谈与林鸟对话，随白云飘荡草原起舞。人生的许多空虚，不在于人的孤独，而在于心的寂寞。

厨师告诉我，鲜活的鱼没有挂糊油炸的，真正的好汤从不添加味精，而是慢慢熬成的原汁。人生的许多档次，不在于外在的包装，而在于内在的品质。

山民告诉我，艳丽好看的蘑菇往往有毒，苦涩的野菜常常败火。人生的许多智慧，不在于观察，而在于分辨。

炼工告诉我，铸钢有一道重要的工序叫"淬火"。把滚烫的火锭放到寒水里急骤降温。人生的许多辉煌，不在于狂热地宣泄，而在于冷静地凝结。

拍客告诉我：去遥远的山寨采风，有人拍回的组照名曰《苦难岁月》，有人唤作《世外桃源》。人生的许多苦乐，不在于你的处境，而在于你看境遇的角度。

教师告诉我，他发现上课积极提问的学生，比认真听讲的学生，到社会后有更强的适应能力。人生的许多境界，不在于跟随，而在于自我探求。

画家告诉我，大师的作品常常"留白"，太满太挤容易使人失去想象的空间。人生的许多魅力，不在于完美，而在于对缺憾的回味。

　　高僧告诉我，如来并不住在西方极乐世界，他就住在我们每一个人的心中，拜佛不如拜自己。人生的许多寻找，不在于千山万水，而在于咫尺之间。

■ 复杂的社会，看不透的人心，放不下的牵挂，经历不完的酸甜苦辣，走不完的坎坷，越不过的无奈，忘不了的昨天，忙不完的今天，想不到的明天，不知道会消失在哪一天，这就是人生。再忙再累，别忘了心疼自己，一定要记得好好照顾自己。人生如天气，可预料，但往往出乎意料。不管是阳光灿烂，还是聚散无常，一份好心情是人生唯一不能被剥夺的财富。

291

真诚＋厚道＋感恩＝做人

■ 一个人总要走陌生的路，看陌生的风景，听陌生的歌，然后在某个不经意的瞬间，你会发现，原本费尽心机想要忘记的事情真的就这么忘记了。

真诚，才能走进别人的心里，厚道，才能得到别人的认可，知恩图报，才能收获别人的信赖。

不管你和谁相处，真诚，才能走进别人的心里，厚道，才能得到别人的认可，知恩图报，才能收获别人的信赖。

无论世道怎么变，社会怎么乱，真诚，永远最可贵，厚道，永远最难得，知恩图报，永远不过期！

做人，真诚最重要。一个真诚的人，走到哪里都会受欢迎。一颗真诚的心，和谁相处都能长久。明明白白做人，踏踏实实做事，永远不要丢了别人对你的信任，真诚的人，情最久！

做人，一定要厚道。宁愿自己吃点亏，也不要算计对你好的人，宁愿自己受点苦，也不要出卖相信你的人，宁愿自己多退一步，也不要欺负无辜的人。不管是身为朋友，还是作为爱人，你若真心，人人愿与你共患难，你若虚伪，人人对你避而远之。行的端，才能走得正。厚道的人，最让人踏实！

做人，要懂得知恩图报。

人与人之间，只有相互帮助的人，才能越走越远，只有知恩图报的心，才能赢得别人信赖。

人这辈子，要记得感恩三种人：能跟你同甘共苦的人，在你跌倒时能扶你起来的人，在你一无所有时依然不离不弃的人。

负面情绪是身体的最大杀手

有人曾说"一个失落的灵魂能很快杀死你，远比细菌快得多"。人生路上，我们遇到的最大敌人，不是能力，不是条件，而是情绪。

情绪像水，稳定的情绪是涓涓细流，滋养万物；不稳的情绪则是咆哮波涛。

人们只喜欢好的情绪，比如快乐，而把负面的情绪比如悲伤、恐惧压抑下来。

我们不知道，委屈、憋屈、压力、全都累积在身体里，终有一天，一场免疫风暴，就能带走人的性命。

别等到来不及时，才想起，我们本该好好珍爱自己的内心。

■ 从今天开始的每一天，恢复了童心，开始对周围的一切感兴趣，喜欢和大自然在一起，聆听它们的声音。身体的每一个细胞都会充满了生命力，浑身充满了美好的能量和喜悦，用最美好最温暖的语言传递内心的爱，用最真诚的祝愿，让周围的一切都变得闪闪发光。

一个卖瓷碗的老人挑着扁担在路上走着，突然一个瓷碗掉到地上摔碎了，但是老人头也不回，继续向前走。路人看到很奇怪，便问："为什么你的碗摔碎了你却不看一下呢？"老人到："我再怎么回头看，碗还是碎的。"失去的东西就要学着去接受，学着放下。很多事并不会因为你的悲伤就会回来，结果就会被改变。

世间最可怕的事莫过于失去理智时所做的一切，后果不堪设想；人生最丑的面孔莫过于一张生气的脸，谁也不喜欢一副愁容；世间最令人讨厌的事也莫过于把一张生气的脸摆给旁人看，比打骂还难受。

人生知止而乐。"乐不可极，乐极生悲；欲不可纵，纵欲成灾；酒饮微醉处，花看半开时。"为人做事懂得适可而止，对别人是一种宽容，对自己是一种余地。

心中无缺叫富，被人需要叫贵。快乐不是一种性格，而是一种能力。解决烦恼的最佳办法，就是忘掉烦恼。不争就是慈悲，不辩就是智慧，不闻就是清净，不看就是自在，原谅就是解脱，知足就是放下。不乱于心，不困于情。不畏将来，不念过往。笑看风云淡，坐对云起时。

后记

本书通过从天人关系、人我关系、身心关系广义角度来诠释人与自然和谐共生这个大命题。这里的自然既有名词的自然之意，也指自然而然之意。天与人、人与人、人与内心之间，建立起了特殊的联结，实现人与自然和谐相处、人与社会和谐相处、人与自己和谐相处，是对自然存在本质的揭示，也是对人类命运的终极思考。人类理应尊重自然、顺应自然、保护自然，人与自然交融无间，才能

296

实现永续发展。

著名书画家谢慈恩先生为本书封面作画，书法家何铁山教授为本书题写书名。本书在编写的过程中，借鉴、吸收或引用了鲍宇龙、陈望衡、翁继业、任建兰、王亚平、程钰、罗安宪、苏心、赵吉惠、捡书姑娘、李雪皎、刘增惠、郝万山、林小霖、张小桃、孟至岭、李根蟠、乔婧、王勋陵、张正春、吴先伍、李猛、孙翀、谷雨等专家的观点，借鉴、吸收或引用了天下道源、国学养心文化大讲堂、荣振环书评等微信公众号及相关书籍报刊的观点，还得到了温州科技职业学院经贸管理学院的大力支持，中国农业科学技术出版社的责任编辑为此付出了辛勤的工作，在此一并致谢。

由于作者水平有限，加之时间仓促，书中若有不妥或错误之处，请各位读者及时批评指正，本人不胜感激。

陈国胜

2019 年 11 月 11 日于温州悠然居

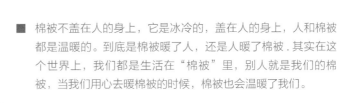

■ 棉被不盖在人的身上，它是冰冷的，盖在人的身上，人和棉被都是温暖的。到底是棉被暖了人，还是人暖了棉被. 其实在这个世界上，我们都是生活在"棉被"里，别人就是我们的棉被，当我们用心去暖棉被的时候，棉被也会温暖了我们。